3D打印技术与产品设计

石 敏 张志贤 编著

东南大学出版社
SOUTHEAST UNIVERSITY PRESS
·南京·

内 容 提 要

本书从 3D 打印技术与工业设计对接的技术层面进行剖析,分三个目标来实现教学任务:第一,了解 3D 打印技术的基本知识,分析 3D 打印前的产品机构,达到对产品设计中机构原理的理解,在 3D 打印技术下进行拆件建模分析。第二,分析明了 3D 打印成型的技术过程和技术运用。第三,学会打印成型后的安装和体感评估。通过实现上述三个目标来达到 3D 打印技术在工业设计中运用结果的呈现。本书图文并茂,内容丰富,专业性较强。

该书可作为艺术院校与综合性大学艺术院系本科生、专科生的专业用书,也可作为高校教师、设计研究人员以及广大设计界人士的参考用书。

图书在版编目(CIP)数据

3D 打印技术与产品设计 / 石敏,张志贤编著 .— 南京:东南大学出版社,2017.7
ISBN 978-7-5641-7342-5

Ⅰ.① 3… Ⅱ.①石… ②张… Ⅲ.①立体印刷 – 印刷术 – 教材 Ⅳ.① TS853

中国版本图书馆 CIP 数据核字(2017)第 178584 号

3D 打印技术与产品设计

出版发行	东南大学出版社
出 版 人	江建中
社 址	南京市四牌楼 2 号
邮 编	210096
经 销	全国各地新华书店
印 刷	江苏凤凰数码印务有限公司
开 本	787mm×1092mm 1/16
印 张	9.25
字 数	190 千字
版 次	2017 年 7 月第 1 版
印 次	2017 年 7 月第 1 次印刷
书 号	ISBN 978-7-5641-7342-5
定 价	38.00 元

* 本社图书若有印装质量问题,请直接与营销部联系,电话:025-83791830。

Preface

序

  《第三次工业革命》的作者杰里米·里夫金在《经济学人》刊文表示，以 3D 打印技术为代表的数字化制造技术，是引发第三次工业革命的关键因素。3D 打印行业从技术本身的角度来看，工艺技术、研发投入、人才基础、产业形态、材料等领域都是产品设计研究的主体，可以带来明显的科技创新优势。今天，国际产业分工格局正在重塑，制造业是国民经济的主体，也是科技创新的主战场，制造业再次迎来了历史性的机遇和挑战。

  传统的工业产品开发，往往是先做手扳，通过论证后，再开模具。现在 3D 打印技术，可以直接实现虚拟现实的效果，可以把产品的研发时间减少、费用降低，对分析成本起着良好的作用。比如一些好的理念的设计产品，无论其结构和工艺多么复杂，均可通过数字化建模后，利用 3D 打印技术，短时间内打印出来，分析其结构和体感，便可极大地促进产品的创新设计。以此为目的编写此教材，结合韩国产品研发公司的经验，分析国内教学情况，在国内 3D 打印机开发公司的帮助下，把 3D 打印技术与产品设计流程中的工序相结合，用于 3D 打印技术与产品设计课程中。本教材设定为 32 课时完成教学进程。

3D 打印技术在产品设计课程教学过程中主要应达到以下三个目标:

1. 构建数字化教学模式

构建数字化教学模式是在 3D 打印的基础上提出的一种新型教学模式。其指在教育中集成快速成型和数字制造技术,教师和学生通过这些对象文件,直接使用 3D 打印系统创建物理原型,通过 3D 打印的实体模型,展开多层次、多角度的教与学活动。

2. 建立产品模型制作的方式和运用理念

3D 打印技术在运作理念方面对产品设计专业的教师和学生提出了新的要求,分析产品机构,快速打印模型,进行体感试验,从而达到人们对产品的人性化需求。

3. 推动 STEM (STEM 是科学、技术、工程、数学四门学科英文首字母的缩写) 教育

知识经济时代的教育目标之一是培养具有 STEM 素养的人才,把 3D 打印技术引入教育领域,便可培养学生的科技素养和数字化素养,提升学生的设计能力和解决问题能力。

随着企业产品开发的需求,我们积极地将 3D 打印技术引入设计教学和课程中,逐步加强 3D 打印技术在产品设计应用上的引导,使得 3D 打印技术在产品设计的"教与学"中起到积极的促进作用。

目录
Contents

第一章
3D 打印技术概述及其现状

近几年随着科学技术的发展，3D 打印已经在产品设计中起到了不可缺失的作用。它是虚拟现实的最直接的呈现，把产品的未来像变为现实的手段，给予设计师在感性上的体验与研究。

如果从历史的角度回顾 3D 打印的发展历程，则最早可以追溯到 19 世纪末，由于受到两次工业革命的刺激，18 至 19 世纪欧美国家的商品经济得到了飞速的发展，产品生产技术的革新便成为一个永恒的话题，为了满足科研探索和产品设计的需求，快速成型技术从这一时期已经开始萌芽，如 Willeme 光刻实验室也在这个阶段开展了商业的探索，可惜受到技术限制没能获得很大的成功。

快速成型技术在商业上获得真正意义的发展是从 20 世纪 80 年代末开始的，在此期间也涌现过几波 3D 打印的技术浪潮，但总体上看 3D 打印技术仍保持着稳健的发展。2007 年开源的桌面级 3D 打印设备发布，此后新一轮的 3D 打印浪潮开始酝酿。2012 年 4 月，英国著名的经济学杂志《经济学人》上一篇关于第三次工业革命的封面文章全面掀起了新一轮的 3D 打印浪潮。

第一节　3D 打印技术概述

随着各种新型 3D 打印技术的出现，"Three Dimension Printing" 一词已无法充分表达出各种成型系统、成型材料及成型工艺等所包含的内容。因此，关于什么是 "Three Dimension Printing"，目前有多种定义。

Terry Wohlers 和美国制造工程师协会（SME）对 3D 打印技术进行如下定义：3D 打印系统依据三维 CAD 模型数据、CT 与 MRI 扫描数据以及由三维实物数字化系统创建的数据，把所得数据分成一系列二维平面，又按相同序列沉积或固化出物理实体。颜永年等对 3D 打印的描述为：3D 打印技术是基于离散、堆积成形原理的新型数字化成形技术,是在计算机的控制下,根据零件的 CAD 模型,通过材料的精确堆积,制造原形或零件。3D 打印是一种以数字模型文件为基础,运用粉末状金属或塑料等可黏合材料,通过逐层打印的方式来构造物体的技术。

因此,该词已变得较为模糊和不明确,于是,有些文献用其他词语来表示其原来的含义,如:Free Form Fabrication, Solid Freeform Fabrication, Automated Fabrication, Solid Imaging, Additive Manufacturing, Layered Manufacturing, Direct CAD Manufacturing, Material Increase Manufacturing, Instant Manufacturing 等,但都因未得到像 3D 打印这样被广泛认可的程度而较少被人采用。

本书对该词分别从广义角度及狭义角度作如下定义。针对工程领域而言,其广义上的定义为:通过概念性的具备基本功能的模型快速表达出设计者意图的工程方法;针对制造技术而言,其狭义上的定义为:一种根据 CAD 信息数据把成型材料层层叠加而制造零件的工艺过程。

一、3D 打印的成型原理

分层制造三维物体的思想雏形,可追溯到 4000 年前,中国出土的漆器用黏结剂把丝、麻黏结起来铺敷在底胎(类似 3D 打印的基板)上,待漆干后挖去底胎成型。国际上也发现古埃及人在公元前就已将木材切成板后重新铺叠制成像现代胶合板似的叠合材料。

1892 年,Blanther 主张用分层方法制作三维地图模型。1979 年东京大学的中川威雄教授,利用分层技术制造了金属冲裁模、成形模和注塑模。20 世纪 70 年代末到 80 年代初,美国 3M 公司的 Alan J．Hebert(1978 年)、日本的小玉秀男(1980 年)、美国 UVP 公司的 Charles(1982 年)和日本的丸谷洋二(1983 年),各自独立地首次提出了 3D 打印的概念,即利用连续层的选区固化制作三维实体的新思想。Charles 在 UVP 的资助下,完成了第一个 3D 打印系统——Stereo Lithography Apparatus (SLA),并于 1986 年该系统获得专利,这是 3D 打印发展的一个里程碑。随后许多 3D 打印的概念、技术及相应的成型机也相继出现。

3D 打印技术经过 20 年左右的发展,其工艺已经逐步完善,发展了许多成熟的加工工艺及成型系统。其具体成型过程是:首先用 CAD 软件设计出零件的 CAD 模型,然后根据具体工艺要求,将其按一定厚度分层,即将其离散为一系列二维层面,将这些离散信息同加工参数相结合,驱动成型机顺序加工各单元层面并彼此黏合,从而得到与 CAD 模型对应的三维实体,即物理模型或原型,原型再经过打磨等处理后即成零件。

3D 打印各成型工艺都是基于离散—叠加原理而实现快速加工原型或零件的。首先建立三维 CAD (Computer Aided Design,计算机辅助设计) 模型,然后对其切片分层(一般为 Z 向),得到许多离散的平面,再把这些平面的数据信息传给成型系统的工作部件,控制成型材料有规律地、精确地、迅速地层层堆积起来而形成三维的原型,后经处理便成零件。从成型的角度,零件可视为一个空间实体,它是点、线、面的集合。3D 打印的成型过程是体—面—线的离散与点—线—面的叠加的过程,即三维 CAD 模型—二维平面(实体)—三维原型的过程。

二、3D 打印的特点

3D 打印技术较之传统的诸多加工方法展示了以下的优越性:

① 可以制成几何形状任意复杂的零件,而不受传统机械加工方法中刀具无法达到某些型面的限制。

② 曲面制造过程中,CAD 数据的转化(分层)可百分之百地全自动完成,而不是依靠数控切削加工中需要高级工程人员数天复杂的人工辅助劳动才能转化为完全的工艺数控代码。

③ 不需要传统的刀具或工装等生产准备工作,任意复杂零件的加工只需在一台设备上完成,因而降低了新产品的开发成本,大大缩短了开发周期,其加工效率亦远胜于数控加工。

④ 属于非接触式加工,没有刀具、夹具的磨损和切削力所产生的影响。

⑤ 加工过程中无振动、噪声和切削废料。

⑥ 设备购置投资低于数控机床。

三、3D 打印的成型工艺

总的来说,物体成型的方式主要有以下四类:减材成型、受压成型、增材成型、生长成型。① 减材成型:运用分离技术把多余部分的材料有序地从基体上剔除出去,如传统的车、铣、磨、钻、刨、电火花和激光切割都属于减材成型。② 受压成型:利用材料的可塑性在特定的外力下成型,传统的锻压、铸造、粉末冶金等技术都属于受压成型。受压成型多用于毛坯阶段的模型制作,但也有直接用于工件成型的例子,如精密铸造、精密锻造等成型均属于受压成型。③ 增材成型:其又称堆积成型,主要利用机械、物理、化学等方法通过有序地添加材料而堆积成型的方法。④ 生长成型:指利用材料的活性进行成型的方法,自然界中的生物个体发育属于生长成型。随着仿生学、生物化学和生命科学的发展,生长成型技术将得到长足的发展。

3D打印技术从狭义上来说主要是指增材成型技术。从成型工艺上看,3D打印技术突破了传统成型方法,通过快速自动成型系统与计算机数据模型结合,无需任何附加的传统模具制造和机械加工就能够制造出各种形状复杂的原型,这使得产品的设计生产周期大大缩短,生产成本大幅下降。

这里按成型方法对3D打印工艺分类,可分为两大类:基于激光或其他光源的成型技术,如立体光造型(Stereo Lithography ,SL,从该技术成型过程角度而言,应称之为光固化成型)、叠层实体制造(Laminated Object Manufacturing, LOM)、选择性激光烧结(Selected Laser Sintering ,SLS)、形状沉积制造(Shape Deposition Manufacturing, SDM)等;基于喷射的成型技术,如熔融沉积制造(Fused Deposition Modeling, FDM)、三维印刷成型(Three Dimensional Printing, 3DP)等。

1. 光固化成型

1987年,美国3D Systems公司推出了名为Stereo Lithography Apparatus (SLA)的快速成型装置,中文直译为立体印刷装置,有人称之为激光立体造型、激光立体光刻、光造型等。因为目前SL中的光源不再是单一的激光器,还有其他新的光源,如紫外灯等,但是各种SL使用的成型材料均是对某特种光束敏感的树脂,因此,以下称SL工艺为光固化成型。光固化成型具有的加工方式有自由液面式和约束液面式。

(1) 自由液面式。

自由液面式SL的成型过程是,液槽中盛满液态光固化树脂(即光敏树脂),一定波长的激光光束按计算机的控制指令在液面上有选择地逐点扫描固化(或整层固化),每层扫描固化后的树脂便形成一个二维图形。一层扫描结束后,升降台下降一层厚度,然后进行第二层扫描,同时新固化的一层牢固地黏在前一层上,如此重复直至整个成型过程结束。

(2) 约束液面式。

约束液面式与自由液面式的方法正好相反,光从下面往上照射,成型件倒置于基板上,即最先成型的层片位于最上方,每层加工完之后,Z轴向上移动一层距离,液态树脂充盈于刚加工的层片与底板之间,光继续从下方照射,最后完成加工过程。

2. 叠层实体制造

1984年, Michael Feygin提出了叠层实体制造(Laminated Object Manufacturing, LOM)方法,并于1985年组建Helisys公司,1992年推出第一台商业机型LOM-l015。

叠层实体制造其成型过程是,根据CAD模型各层切片的平面几何信息驱动激光头,对底部涂覆有热敏胶的纤维纸（厚度 0.1 ～ 0.2 mm）进行分层实体切割。随后工作台下降一层高度，送进机构又将新的一层材料铺上并用热压辊碾压使其紧黏在已经成型的基体上，激光头再次进行切割运动切出第二层平面轮廓，如此重复直至整个三维零件制作完成。其原型件的强度相当于优质木材的强度。

3. 选择性激光烧结

1986 年，美国 Texas 大学的研究生 Deckard 提出了选择性激光烧结（Selected Laser Sintering, SLS）的思想，并于 1989 年获得第一个 SCS 技术专利，之后组建了 DTM 公司，于 1992 年推出 Sinters Talion 2000 系列 SLS 成型机。

选择性激光烧结的成型过程是，由 CAD 模型各层切片的平面几何信息生成 X-Y 激光扫描器在每层粉末上的数控运动指令，铺粉器将粉末一层一层地撒在工作台上，再用滚筒将粉末滚平、压实，每层粉末的厚度均对应于 CAD 模型的切片厚度。各层铺粉被二氧化碳激光器选择性烧结到基体上，而未被激光扫描、烧结的粉末仍留在原处起支撑作用，直至烧结出整个零件。

4. 熔融沉积制造

Scott Crump 在 1988 年提出了熔融沉积制造（Fused Deposition Modeling, FDM）的思想，1991 年开发了第一台商业机型。熔融沉积制造是一种制作速度较快的快速成型工艺。FDM 的成型材料可用铸造石蜡、尼龙（聚酯塑料）、ABS 塑料，可实现塑料零件无注塑成型制造。

FDM 工艺的成型过程是，直接由计算机控制的喷头挤出熔融状态的热塑材料沉积成原型的每一薄层。整个模型从基座开始，由下而上逐层生成。

FDM 工艺的关键是保持半流动成型材料刚好在凝固温度点上，通常控制在比凝固温度高几摄氏度，以保证半流动熔丝材料从 FDM 喷嘴中挤压出来，很快凝固，形成精确的薄层。每层厚度一般为 0.127 ～ 0.25 mm，层层叠加，最后形成原型。

5. 三维印刷成型

三维印刷（Three Dimension Printing, 3DP）成型工艺是麻省理工学院（MIT）Emanual Sachs 等人研制的，后被美国的 Soligen 公司以 DSPC（Direct Shell Production Casting）名义商品化，用以制造铸造用的陶瓷壳体和芯子。3DP 工艺与 SLS 工艺类似，采用粉末材料成型，如陶瓷粉末、金属粉末。所不同的是材料粉末不是通过烧结连接起来的，而是通过喷头用黏结剂（如硅胶）将零件的截面"印刷"在材料粉末上面。

3DP 工艺的成型原理是将粉末由储料桶送出，再用滚筒将送出的粉末在加工平台上铺上一层很薄的原料，喷嘴依照 3D 计算机模型切片后定义出来的轮廓喷出黏结剂，黏着粉末。做完一层,加工平台自动下降一点,储料桶上升一点,刮刀由升高了的储料桶上方把粉末推至工作平台并把粉末推平,再喷黏结剂,如此循环便可得到所要加工的形状。

由于完成原型制作后,原型件是完全被埋没于工作台的粉末中,操作员小心地把工件从工作台中挖出,再用气枪等工具吹走原型件表面的粉末。一般刚成型的原型件本身很脆弱,在压力下会粉碎,所以原型件完成后需涂上一层蜡、乳胶或环氧树脂等渗透剂以提高其强度。

6. 形状沉积制造

形状沉积制造(SDM)是 Carnegie Mellon 大学的专利,该工艺的成型过程是,把熔融的金属(即基体材料)层层喷涂到基底上,用数控(NC)方式铣去多余的材料,每层的支撑材料喷涂到其他区域,再进行铣削,支撑材料可视零件的特征是在基体材料之前或之后喷涂。

3D 打印的成型工艺的比较如下。

SL 工艺使用的是遇到光照射便固化的液体材料(也称光敏树脂),当扫描器在计算机的控制下扫描光敏树脂液面时,扫描到的区域就发生聚合反应和固化,这样层层加工即完成了原型的制造。SL 工艺所用激光器的激光波长有限制,一般采用 UV He-Cd 激光器(325nm)和 UV Ar+ 激光器(351nm, 364nm)。采用这种工艺成型的零件有较高的精度且表面光洁,但其缺点是可用材料的范围较窄,材料成本较高,激光器价格昂贵,从而导致零件制作成本较高。

LOM 工艺的层面信息通过每一层的轮廓表示,激光扫描器动作由这些轮廓信息控制,所采用的材料是具有厚度信息的片材。这种加工方法只需要加工轮廓信息,所以可以达到很高的加工速度,但其缺点是材料范围很窄,每层厚度不可调整。以纸质的片材为例,每层轮廓被激光切割后会留下燃烧的灰烬,且燃烧时有较大的烟雾,而采用 PVC 薄膜作为原料的工艺。由于材料较贵,利用率较低,导致模型成本较高。

SLS 工艺使用固体粉末材料,该材料在激光的照射下,吸收能量,发生熔融固化,从而完成每层信息的成型。这种工艺的材料适用范围很广,特别是在金属和陶瓷材料的成型方面有独特的优点。其缺点是所成型的零件精度和表面粗糙度较差。

FDM 工艺不采用激光作能源,而是用电能加热塑料丝,使其在挤出喷头前达到熔融状态,喷头在计算机的控制下将熔融的塑料丝喷涂到工作平台上,从而完成整个零件的加工过程。这种方法的能量传输和材料传输均不同于前面的 3 种工艺,系统成本较低。其缺点是,由于喷头的运动是机械运动,速度有一定限制,所以加工时间稍长;成型材料适用范围不广;喷头孔径不可能很小。因此,原型的成型精度较低。

3DP 工艺是一种简单的三维印刷成型技术,可配合 PC 使用,操作简单,速度快,适合办公室环境使用,其缺点是对于采用石膏粉末等作为成型材料的工艺,其工件表面顺滑度受制于粉末的大小,所以工件表面粗糙,需用后处理加以改善,并且原型件结构较松散,强度较低;对于采用可喷射树脂等作为成型材料的工艺,由于其喷墨量很小,每层的固化层片一般为 10 ~ 30 μm,加工时间较长,制作成本较高。

第二节　3D 打印技术现状

随着新一轮 3D 打印热潮的兴起,第三次工业革命也被人们频频提及。3D 打印技术被认为是第三次工业革命的驱动力和诱因,而这很可能是一种认识的误区。

回顾历史上前两次工业革命,我们清楚,驱动工业生产的动力是能源,能源是予以区分工业革命性质的根本性因素。第一次工业革命是以蒸汽作为驱动,第二次工业革命是以电力作为驱动,前两次工业革命本质上均是消耗煤炭、石油等不可再生能源而维持的社会化大生产,而第三次工业革命也应该随新能源的发展而开展。

第三次工业革命所使用的能源应该是清洁的、可再生的,而且不受限于空间分布,能源传递的方式也应该从原来集中式输送转变为分布式共享。未来我们所使用的能源网与当前的互联网十分相似,在信息网络中每一个终端都可以是信息源,每个人都可以通过终端电脑发布信息,信息通过纵横交错的网线广泛分享。能量网络与之相似,每家每户都可以配有"发电机",这些"发电机"用于收集大自然的可再生能量,如太阳能、风能、潮汐能等,并将其转化为电能。最早的阶段可能是"小农经济"模式,每家每户自给自足,当这些发电设备转化率达到一定程度时,每家每户可以把多余的电力通过能量网络传递出去与众人分享。

也许这样的构想似乎还有点远,但这正是第三次工业革命带来的变革,可再生能源很大程度上突破了能源空间分布的界限,因此第三次工业革命的能源分布方式是离散的。我们知道生产力决定生产关系,工业革命的产生必须以能源的变革作为推动力,而3D 打印影响的正是第三次工业革命的生产方式。新的能源革命为我们提供了分散的能源获取方式,未来我们将一定程度上不再依赖于集约式的能量供应,3D 打印技术的发展又提供了分散式的生产工具,因此有理由相信第三次工业革命与 3D 打印技术将会给我们带来一个社会化创造的未来。

第三次工业革命本质上是能源的革命,新的能源分布方式影响了我们对传统能源的认识,也影响了社会化的生产方式,而3D打印技术的发展则把商品生产推向多元化、个性化。

一、3D打印技术的国内现状

近年来,国内有诸多关于3D打印技术对设计的影响的研究,许多学者意识到了3D打印技术对传统的设计行业可能带来的巨大影响,从设计产业的诸多方面进行了探讨,学界的大部分观点都倾向于认同3D打印技术的巨大潜力将带来设计的显著变化。同时也有学者从知识产权和技术瓶颈等方面着眼,谨慎地审视3D打印技术可能存在的问题,这对设计理念的研究也具有很重要的参考价值。然而大部分的研究都是从宏观着眼,分析了未来设计的发展趋势和可能,较少提出有针对性的设计理念和具体的设计模式,更少有对设计师这一职业可能发生变化的探讨。

3D打印并不是一门新的技术,它在工业生产领域已经默默奉献了近30年,不过那时候3D打印被称为快速成型技术(Rapid Prototype),国内的科研机构最早也在20世纪80年代末90年代初引进了这门技术并展开了研发。随着这些年3D打印技术的发展,我国3D打印技术已经在产品设计、模具制造、医学、航天等领域得到应用。

目前,在3D打印设备生产与研发领域国内已有一批骨干型公司,这些专门从事设备生产与研发的公司主要分为两大类型。一类是拥有官方与学术背景早期从大学实验室和科研机构分立出来的,这些公司通常拥有政府支持且规模庞大,有雄厚的资金和人才储备,主要从事工业级3D打印设备的研发。另一类以创客群体为主导,这些公司主要由个人爱好者创办,规模较小,主要从事消费级桌面3D打印机的研发,这些小团队研发的产品主要基于国外的开源项目。

除了基础的设备生产与研发企业,国内还出现了多家专门从事3D打印服务的企业,他们的服务范围非常广,涵盖了工业级应用与业余消费级应用,但现阶段主要还是复制国外的模式,由于当前整体产业发展还处于初级阶段,这些公司的营业规模相当有限,更多的还是满足专业级的工业需求。早期无论是政府官方还是3D打印行业的产业联盟,他们把重点都放在基础技术的研发上,而现在有了新的动向。大家对3D打印的行业应用愈加重视,许多团队也开始在3D打印行业淘金,如个性商品定制、玩具定制、3D照相馆等一批应用型的企业如雨后春笋般涌现。

3D打印行业若要健康发展,必须拥有一个完善的生态链,目前在国内这样的生态链仅能看到雏形。我国涉足3D打印领域其实并不晚,核心技术与基础技术的研发也已经探索多年,尽管这样我们和发达国家相比还存在不小的差距,其主要表现在以下几个方面。

1. 研发能力偏科严重

国内对 3D 打印技术的研究力量主要集中在高校实验室和研究所,早期主要是为满足军事、航空方面的重量级需求,因此我国在大型激光烧结技术方面处于国际先进水平,如华曙高科研制的选择性激光尼龙烧结设备还出口到美国。

此外,根据国内媒体报道,我国已利用 3D 打印技术制造出提供飞行器使用的大型钛合金主承力构件,在新型歼击机的研制工作中也采用了超大尺寸的激光增材钛合金构件。尽管如此,国内从事 3D 打印的企业大多还以仿制、代理国外产品为主,甚至很多企业都还没有实现盈利。由于国内企业研发能力的薄弱,而且用于研发的高精密电子元件、耗材等多数都要依赖国外进口,这一系列的问题都紧紧地束缚着国内的科研企业。而占据 3D 打印产业主导地位的美国 3D Systems、Stratasys 等公司,每年都投入 1000 多万美元研发新技术,研发投入占销售收入的 10% 左右。两家公司不仅研发设备、材料和软件,而且以签约开发、直接购买等方式,获得大量来自企业外部的相关细分专利技术,相比之下,我们的投入就略显不足了。

2. 没有成熟的产业链

3D 打印的预期市场是非常庞大的,但是现在并没有完全打开,3D 打印机的销售情况仍未达到理想状态。3D 打印技术未能有效地在企业中得到应用,业界对 3D 打印技术的重要性认识不足,一些已引进 3D 打印设备的企业也未能充分发挥其作用。由于目前的 3D 打印技术设备价格太昂贵,因此广大中小型企业很少能得到 3D 打印技术服务,甚至应用企业还没有完全接受 3D 打印机,制造和服务企业也未能直接得益于 3D 打印技术的发展,目前国内还没有形成一个成熟的产业链。

3. 缺乏宏观规划

3D 打印产业上游包括材料技术、控制技术、光机电技术、软件技术,中游是立足于信息技术的数字化平台,下游涉及国防科工、航空航天、汽车摩配、家电电子、医疗卫生、文化创意等行业,其发展将会深刻影响先进制造业、工业设计业、生产性服务业、文化创意业、电子商务业及制造业信息化工程。

但是,在我国工业转型升级、发展智能制造业的相关规划中,对 3D 打印这一交叉学科的技术总体规划与重视程度却远远不够。至今为止,国内并没有建立发展 3D 打印技术的统一协调管理体系。目前存在相当多“低水平重复”的现象,这使得有限的投入未能发挥更好的作用,尤其是在学、产、研结合方面力度不够,影响科研成果的商品化直至产业化。

中国的优势就在于拥有巨大的市场,预计中国 3D 打印市场规模将达万亿级。从国外的实践来看,3D 打印不仅能快速制造出高精密与结构复杂的模具与零部件产品,还将能替代众多劳动密集型的制造业,包括文教体育用品、工艺美术品、纺织服装、化学纤维、橡胶、塑料制品、家具等(2011 年上述国内产业产值已超过 7 万亿元)。随着 3D 打印技术的不断成熟,未来即使上述产业只有 10% 被替代,也将形成万亿级的 3D 打印市场,相信不远的未来,3D 打印机将与个人电脑一样普遍并孕育出巨大的消费市场。

二、3D 打印技术的国外现状

国际上对于 3D 打印技术与设计之间的关系的研究要早于国内,由于 3D 打印技术发端于美国,所以美国的相关研究也较为全面,提出了很多与制造业和设计相关的前沿思想和理论。一些研究者从经济学的角度讨论了制造业在 3D 打印技术影响下所产生的一系列变化,例如彼得·马什在《新工业革命》一书中提出制造业的规模化经济模型不再适用于 3D 打印制造产业;克里斯·安德森在《创客》一书中提出的产品长尾理论,都对 3D 打印技术对于制造业乃至产品设计的影响进行了较为理性的探讨和预测。同时,基于 3D 打印技术的商业应用,欧美等国在民用化研究上遥遥领先,已经有很多成功的企业和产品案例值得我们研究和学习。而对于 3D 打印制造产业中的职业演变,国际上也有相关的研究值得参考。例如 Frick Lindsey 发表于 *Machine Design* 上的 "*Will the 3D printing revolution kill engineering jobs?*" 等文章探讨了 3D 打印制造业中工程师职能的变化。

2012 年克里斯·安德森带来他的新作《创客:新工业革命》,这本书将一群热衷于将各种新奇想法变成现实的人带入公众视野,他们就是创客,同时让人们了解了创客运动即将带来的伟大革新。

在这本书中,克里斯·安德森写道:下一次工业革命正在发生,而发生的地点并不在实验室,也不在公司中,而是在千千万万普通人的家中。这些创造者已经有了属于他们的真正强大的工具,例如 3D 打印机、3D 扫描仪、CAD 工业设计软件和激光切割机。这些工具与过去的业余爱好者的诸如小型电锯、小型金属研磨机和特殊胶枪一类的工具完全不同,它们使得发明者们能够直接将数码蓝图打印成实物。这无疑降低了制造业的门槛,任何人都可以将自家的客厅变成工厂。

过去数以万计的产品因为需求量太小而无法进行规模化生产,但对于个人而言,产量又太大。很多人不得不放弃自己的想法,或者将专利转让给企业,自己只得到微薄的回报。随着创客运动的兴起,越来越多的"小作坊"加入到制造业,他们的生产模式更加灵活,可以让更多人的灵感变成现实,而不是被大工厂高昂的费用粉碎。而且随着 3D 打印机等生产设备的进步,"小作坊"也可以生产出不次于大工厂的高质量产品。

克里斯·安德森在阿里巴巴上就发现了很多小型工厂,他们可以提供很小量的定制生产服务。通过几封电子邮件和即时消息联络之后(阿里巴巴的软件可以实现中英文的实时互译),一家公司指导克里斯·安德森完成了各项设计选择,比如轴长和电机绕组等参数。一切谈妥之后,只需要用信用卡或 Paypal 进行支付就可以了。十天后,一个大大的箱子就送到了他的门口,里面是数千个克里斯·安德森定制的小型电动机,用泡沫塑料整齐地包装、固定。每个电动机外面都覆有一层略油的薄膜,防止腐蚀;另附一张看上去非常正式的收据。最重要的是,这些电动机完全是按照克里斯·安德森的设计制作的,而价格不到零售产品的十分之一。

随着创客运动的进行,千篇一律的大众产品变得缺乏竞争力,更具个性的定制产品才是主流。人们被工业时代压榨的求新欲望得到释放。就像现在的网游,每个人都乐于仔细设计自己角色的样貌,而在几年前这是不可能的。一旦这种求新的欲望被释放,传统工业那种流水线下的一模一样的产品将成为满足生存必需的底层产品,而个性化定制的产品才是提升生活品质的保证。届时,大型工厂那种规模化生产将不再具有优势,而微工厂可以提供灵活的生产方式和更具针对性的设计服务,这些足以使微工厂抗衡甚至超越大工厂。相信不久就会是微工厂和制造领域创业公司的爆发期。

英国为 300 名中学生免费开展 3D 打印体验活动。快速新闻传播集团(RNCG)、3D Systems 公司和 Black Country Atelier 宣布了一项倡议,其于 2013 年 9 月 25 日至 26 日在英国伯明翰为中学生提供为期两天的 3D 打印体验活动 "TCT Bright Minds UK"。该计划倡议邀请 300 名学童在教室里学习使用 CAD 以及 3D 打印技术,Black County Atelier 将提供相应所需设备。RNCG 首席营运官称在 2013 年与巨头的新合作伙伴关系使他们能够更好地宣传 TCT 活动,为英国的学生免费提供 3D 打印技术和软件的培训。此次活动使几百名师生累计相关的技术经验,为 3D 打印技术搬进课堂做了准备,更为新的设计和工业革命做了准备,真正激发出新一代的设计和工程师。

新西兰实施教育课程拓展计划,根据这个计划,从幼儿园到小学六年级的学生都将有机会在课堂中使用到 3D 打印机。新课程标准指示,在新西兰,学生将有机会学习模型设计,并在 3D 打印机上制造,但暂时没有介绍表明 3D 打印机是否每个学校都会拥有。根据权威机构发表的报告,3D 打印技术已经挑战澳洲和新西兰制造业,新举措将使得未来工程师进入这个领域,并学习这种技能和技术。这将对制造业的未来产生深远影响。

3D 打印被认为是改变未来制造业的革命性技术,这项技术需要与互联网充分结合,才能真正发挥其"创客"价值,而对于 3D 打印的应用和普及需要从学生开始,新西兰无疑是开创了先例。

Atascocita (Atascocita High School, AHS) 是位于美国得克萨斯州的一所高中,近日学校购置了一台桌面 3D 打印机并为学生们开设了相关的课程。

Russell Stilley 是 Atascocita 高中的老师,最早是他发现了这种价格低廉又适合于中学课堂使用的桌面 3D 打印机器,他认识到 3D 打印机可以以塑料为原料,能够将 CAD 软件生成的 3D 模型变成现实的物品,而不是像传统打印机那样只能将墨水写在纸上。于是,Russell Stilley 老师便通过自己的努力申请了一笔教育基金,并为 Atascocita 高中添置了一台 3D 打印机。

学生们制作 3D 模型都是先用 AutoCAD 在电脑上设计的,然后将虚拟的 3D 模型的数据传输给打印机,最后 3D 打印机就可以将模型由下至上一层一层地打印出来。

Atascocita 高中的工艺班已经开始使用 3D 打印机制作建筑的微缩模型,其中一些还被拿去做展示。此外,Stilley 还在帮助那些患有残疾的学生,他计划了另一个项目,要求学生们创造一种装置,只需要装在手臂上就可以帮助学生记笔记。这种装置将拥有手的功能,是一种塑料的抓取工具。Stilley 希望学生可以通过 3D 打印技术长期受益,他认为 3D 打印机需要学生团队合作。他坚信 3D 打印给学生带来的不仅是他们未来在技术上的受益,更重要的是它能够激励学生们的创造性思维。

昏暗、拥挤、嘈杂、浓重的金属与机油混合起来的味道,相信这是我们对老工厂的典型印象。然而全球最大的汽车天窗生产商荷兰英纳法公司的装配生产厂房却令人惊叹,干净、整洁、有条不紊,甚至有点空旷的高度自动化生产线颠覆了人们对传统工厂的印象。

这家年逾半百的老工厂并没有因为岁月的流逝变得暮气沉沉,相反,装配生产线几乎被机器化覆盖,通过程序管理,六七名工人只在天窗框架的压板、钉板等工艺转环节点负责传送、整理。厂房的成品检测室也只配备两名工人,因为最后仍有专门设备负责精确检验。工业自动化的厂房条件代替了不少人工,不过产量并没有减少,反而增长到日平均产量 350 件。

机器化在产能保证前提下实现了工人减员,而公司产品能够与时俱进,源自公司设计研发部门的人才增量。令人惊叹的是,这家老工厂的设计研发部门员工比例占英纳法公司的 50%。喧闹装配厂房的隔壁就是设计部门,虽然几步之隔仿佛另一世界,安静但紧张的气氛充斥在研发办公室中。

为了提高效率,最快满足客户需求,工业设计流程现在利用计算机互联网技术实现了 24 小时作业,欧洲、美洲、亚洲的各部门利用时差可以实现接力作业。凭借 3D 打印机,客户的思路几个小时就可形成实体雏形。利用新技术和无缝对接的工作模式,英纳法的汽车天窗能够每天及时供应全球各大品牌汽车,再通过汽车经销商将产品输向世界各地,将商业模式塑造成产品设计高效数字化、生产机械化、销售全球化。

目前,3D 打印技术在国外已取得较广泛应用,主要用于政府军事、建筑、汽车、教育科研、医疗、航空、消费品、工业等行业,并取得巨大的经济效益。如美国 PRATT5C WHITNCY 公司采用 3D 打印技术快速制造了 2000 个铸件,如按常规方法每个铸件约需要 700 美元,而用此技术每个铸件只需 300 美元,同时,节约生产时间 70% ~ 90%。

又如美国 Ready Com 公司在推出其新产品 ReadTalk 传呼机时,先用 HP 公司的 Solid Designer 软件设计了全套传呼机机械零件,用 3D 打印技术加工出母模,制得硅胶模,然后用快速固化氨基甲酸乙酯注入硅胶膜制得 60 个传呼机外壳,共用 7 天时间。外壳实测满意后,又采用 Pro-Engineer、Pro-Mold、Pro-Manufacturing 等软件将外壳的 IGES 文件转换成数控代码生产注塑模,加工了 1450 套实用传呼机机械零件。从设计到产品投放市场共用了 7 周时间。有关专家认为,如果用传统的二维制图、机械加工,即使不出现差错返工,至少也要半年时间才可能完成。

截至 2013 年 5 月,3D 打印在各主要应用领域的分布主要为消费品、医疗、工业航空、汽车等 5 大领域,约占 80%。从每个国家和地区在 3D 打印全球市场所占份额来看,美国占据绝对的优势,占 38% 的市场,其次是日本占 9.7%,德国占 9.4%,中国大陆占 8.7%,而中国大陆和中国台湾地区的市场共占 10.2%,仅次于美国。可以肯定地说,未来几年中国将稳居全球第二的位置,但是从绝对数量来看,中国与美国仍然有非常大的差距。

从亚太地区来看,中国大陆占 33.3% 的市场,与日本有一定的差距,与韩国、澳大利亚等国家和中国台湾地区也有一定的差距。

在探索发展的道路上,3D 打印技术仍然会面临种种难题,例如来自技术的物理瓶颈、来自法律与道德的矛盾,还有来自与不同产业的整合。我们也知道 3D 打印的前途必然是光明的,但道路往往也是曲折的。

三、3D 打印技术的困局

1. 材料问题

3D 打印技术可打印出玩具、飞机、巧克力甚至人体器官,这是否意味着拥有一台 3D

打印机就能创造一个世界？3D 打印机已经问世多年了，可世界上还是只有一个上帝，看来 3D 打印机确实不是万能的。3D 打印机究竟有多强大，那要看给它"吃"的是什么。就像做饭，你只有一袋子大米，是肯定蒸不出馒头的。3D 打印只是一个加工过程，而产品的属性则取决于耗材本身。

3D 打印技术主要以层叠堆积制造为主，现有的 3D 打印技术多使用塑料、石膏、金属粉末、尼龙和光敏树脂等材料，尽管其支持的材料也是数不胜数，但对于丰富的物质世界来说这也许还只是冰山一角，没有足够的材料，"上帝"如何创造世界？

之所以说材料是 3D 打印的瓶颈，并不是指成型材料在现实生活中就真的那么稀缺，实际的商品生产中成品通常是由多种材料有机组合而成的，而不是单一材料的堆砌。例如，要打印一副眼镜，既要有塑料框架，又得有透明的镜片；打印一双鞋，既要有布质的鞋面，又得有柔软的塑料鞋底。再极端一点，假设我们要打印一台电脑，情况那就更复杂一些，既要打印金属或塑料材质的外壳，还要打印能导电的主板，当然还有异常复杂的处理器。

不同的材料有着不同的特性，其处理方式往往也不一样，有的仅适合进行熔融堆积，有的仅适合激光烧结，有的仅适合紫外光固。使用单一的材料成型也许还好办，但如果要同时使用多种材料成型，情况就异常复杂了。

与此同时，适用于 3D 打印的材料通常是为专门的设备配套研发的，这样才能保证材料的物理性质稳定，保证打印的效果。但也正是这样的原因导致专用材料一般小批量生产，缺少规模效益又导致了 3D 打印耗材价格居高不下。

目前，提供给消费级桌面 3D 打印机使用的 ABS/PLA 塑料丝材每公斤售价约为100 元～ 300 元人民币，质量较差的材料批发价也将近 60 元人民币一公斤，相比之下注塑成型所使用的塑料颗粒每公斤售价仅为 10 元～ 20 元人民币。

3D 打印发展的核心并不限于打印技术本身，打印的材料也是重要的瓶颈，只有更多的新材料被研制出来，3D 打印技术才能进一步走近生活，打印出真正实用的物品，否则离现实还是很遥远。

2. 版权问题

3D 打印给我们带来了全新的造物方式，通过 3D 打印机我们能实现精准的数字化生产，尽管这样 3D 打印技术的发展还是会给我们带来许多烦恼，版权问题就是其中之一。

《连线》曾经有过这样一个报道，Thomas Valenty 买了一台桌面 3D 打印机，他看到哥哥有一些桌游 Warhammer 的卫兵模型，于是开始自己设计角色——直立行走的战争机甲和坦克。Thomas Valenty 花了一个星期反复调整，然后他把设计图发布在网站让人免费下载,没过多久他的粉丝们就自己做出了复制品,结果律师信就邮寄到他家了。

Warhammer是由英国Games Workshop公司研发的一套桌面游戏,Games Workshop公司引用数字千年版权法案对Valenty发出了通告,并让网站将其作品移除。于是Valenty上传的模型被全部下架了,Valenty也成了版权战争在现实世界的牺牲品。

与音乐和电影不同,3D模型和物理对象之间的版权关系并不总是十分明确。一般情况下,非艺术品不属于典型的版权法的管理范围,物品只要不是过于普通都可以申请专利。

在题目为"如何处理版权和3D打印"的白皮书中,Public Knowledge探讨了这些问题,但发现缺乏明确的答案。只有技术的发展和更多案例的产生,版权法适用于3D打印的规则才能被准确找到。在此期间,和技术快速发展一样,知识产权纠纷也会激增。

小　　结

3D打印是近年来迅速推广的快速生成技术,它在各个行业中应用得越来越广泛,由此也引起了行业内部的创新实践。总的来说,3D打印有利于学习过程和学习活动的开展,并且在产品的设计表现上,3D打印往往更能传递一种新的设计语言。3D打印机从一种用于工业生产的制造机器,走进了家庭、企业、学校、厨房、医院,甚至时尚舞台。3D打印机和互联网、微电路、材料和生物技术相结合将引发技术和社会的革新,最终的结果是科学技术和创新呈现爆发式的变革。

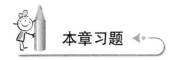 本章习题

结合本章内容,对常见的3D打印材料进行总结,并对各材料作比较分析,完成分析报告。

每个产品其外观,结构都是千差万别的,特别是电子产品,其差异性更大。但是我们不难找出其规律性的内容。外观设计包括:外形(外形线、分模线、拆件线、装饰细节),配色方案;材质结构设计包括:壳体,卡扣,骨位(加强筋),拆件,成型,装配。

外观设计注重的是外壳外结构,强调造型的艺术美感和人性化。结构设计则内外都要兼顾,同时更强调结构的合理性。外观设计和结构设计虽然有不同的工作侧重点,但其目标都是一致的——做出完美的产品。从本质上来讲就是要把外在美与内在美相结合,具体在产品设计上的体现则是艺术与技术的完美结合。在做外观结构设计时,有部分的内容是存在交叠的区域,例如外观的外形决定结构的壳体外形,外观的配色直接决定结构的装配、拆件和成型方式,外观材质的选择也直接影响结构的装配拆件和成型方式,所以必须在这些密切相关的区域找到平衡点。以上关注点同时也是我们优化设计的关注点和出发点。

第一节　产品外观结构设计的内在联系

一、外观结构优化

很多设计公司或厂家,都是由外观设计师设计好外观后,提供给结构工程师。有时提供大概的三视图,有时是用艺术类软件做出的三维效果图。在与结构工程师对接的过程中,由于不能直接采用外观设计师的原图,以致结构工程师所做的外形与外观设计师的设计想法存在差距,特别是设计曲面比较复杂的产品时,这是一个比较突出的问题。所以现在很多的公司要求外观设计师可以提供工程曲面,结构工程师直接采用,做到设计流程的无缝衔接。但这时外观设计师所做的外观曲面质量就会直接影响结构设计质量和模具质量,最终对整个产品带来巨大的影响。

外观优化的方法多样。现在市面上关于计算机建模和产品造型的书有很多,但内容多数侧重建模过程或造型方法,其提供的实例大多没有达到可以支持工业加工生产的级别,特别是对曲面质量的测试及提高品质的方法,大部分书籍都很少涉及。以下是常用的检测和提高曲面质量的几种方法。

1. 曲面质量检测

途径:常用的方法有 G/T/C 检测、G/T/C 斑马纹检测、高斯检测、拔模检测。

(1) G/T/C 检测。

G/T/C 检测的必要性:保证曲面表面的连续性,辅助调整曲面质量,为后续的工程设计奠定基础。

G 连续(Position Continuity)指两条曲线在端点处相连,即在位置上的连续,也叫位置连续。

T 连续(Tangent Continuity)指两条曲线在公共端点处的切线方向一致,也叫相切连续。

C 连续(Curvature Continuity)指两条曲线在公共端点处的曲率相同,也叫曲率连续。

轻工业产品中一般达到 C 连续就可以满足基本的外观要求。电脑辅助设计可以快速地让我们设计的曲面达到 G/T/C 的要求,但由于造型的需要在保证曲面连接品质的情况下,经常需要手动调整曲线的形状。

在曲率调整的过程中,随时打开曲率梳十分必要。不同的连续,曲率梳有着不同的形态,只要掌握其形态规律在保证曲率的前提下调整形状就不难控制。

G/T/C 连续对点的排布点的数量也要有明确的要求:

G 连续,最少需要 2 个点,弧线需 3 个点。

T 连续,最少 4 个点。

C 连续,最少 6 个点。

软件仅是一个工具,关键是设计师对曲线质量控制的理解。曲线好是做出好曲面的基础,工程软件通过线面的调整也可有效提高曲面级别。

(2) G/T/C 斑马纹检测。

G/T/C 斑马纹检测的必要性:观察曲面表面的连续性。

斑马纹检测是一种快速查看曲面 G/T/C 质量的方法,它用斑马条纹的方式表达曲面的连接关系和走势。一般来讲如果曲面斑马纹整体流畅,那么曲面的质量就不会很差。

设计师在调整曲面的时候,有必要打开斑马纹,确保小范围调整曲面形状的时候,整体连续性不被破坏并尽可能地提高曲面质量。(此方法也可用于结构设计)

(3)高斯检测。

高斯检测的必要性:高斯检测属于一种更加严格的检测,主要用来观看曲面的走势和每个区域内的细微曲率变化。一般用在汽车外形设计中,在保证高品质连续关系的前提下,还要强调曲面整体趋势上的完美,所以可以根据高斯检测的结果,通过局部点的微调改善曲面的质量。

(4)拔模检测。

拔模检测的必要性:拔模检测是为了确定模型内部的零件能否顺利从型腔中脱模,拔模检测必须要指定一个拔模角度和开模方向。为了确定所选零件的曲面是否要进行拔模斜度的设置,电脑辅助设计系统会检测垂直于零件曲面的平面与开模方向之间的角度。

2. 曲面质量优化

(1)曲面质量优化。

好的曲面质量在数字样机阶段必须达到,否则设计方案无法应用于生产。

曲面优化的方法有很多,最基本且最能解决问题的方法有两种:线面优化原则和四边面原则。

① 线面优化原则:好线出好面,好面出好体。所有用计算机辅助设计的人都了解其含义。如果想做出好的曲面有一个好的边界线是关键,如果要做好的体积,必须有好的面做基础。因为所有的产品设计到真正要用于生产时,都是要求通过抽壳,做出厚度的。线面的质量不佳,可能无法抽壳。无法抽壳结构设计就无法继续做下去。就算用补面的方法做出来了厚度,也会对产品品质造成影响。

② 四边面原则:一个完整的曲面一般由四个边界组成,最好不要出现三边,五边,甚至 N 边面的状态。不是完整的四边面时,曲面 ISO 线会比较乱,从而降低曲面质量。

(2)分型线的优化。

分型线在产品的外观结构设计中非常重要,因为它决定产品的拆件和组装方式,对模具设计的影响也最大,所以分型线、分型面的处理非常关键。如果想在产品后期改分型面就意味着模具的大改或直接模具报废,可见分型线的优化不容忽视。

分型线的优化,对于产品设计至关重要。一方面它决定产品的拆件方式和装配面,另一方面直接影响模具结构和产品质量。分型线大致有直线型、阶梯型和弧线型等几种。

① 直线型分型线:简洁大方,易于加工,但产品造型时只能做一些规矩的形,缺少变

化。在电子产品,仪器仪表类产品中比较常见。

② 阶梯型分型线:顾名思义其基本形为阶梯型,此种分型在电子产品、电动工具、医疗器械等产品中非常常见。比如,一些产品有很多的外接接口,那么此种分型就比较合适。

③ 弧线型分型线:其表现形式为平面弧线和空间弧线,一般在玩具、工艺品、个性化的电子产品中比较常见。我们探讨弧线型的分型时,更多的是基于装配的需要。弧形面与弧形面的装配,相对平面与平面的装配要复杂很多,而且加工的精度要求也高得多。重点考虑如何保证表面质量和简化模具结构。

优化后的模具结构明显比之前的结构简单很多,没有模具的机构运动面壳就没接痕,表面质量也会相应的提升。因此,在做弧线型分型线的时候,一定要全面思考。不同的选择对后续模具加工和产品本身的外观质量影响很大。在保证外观质量和产品强度的前提下,尽量选择简单的实现方式。外观设计师在处理此类问题有困难时,有必要与工程人员沟通协调,否则会留下重大的隐患。

总之,通过分型线的优化可以简化产品模具结构。同时通过产品模具结构优化,也可以改善分型线、美化产品外观。分型线直接影响产品拆件和装配方式,所以在进行结构设计前必须分析分型线是否合理。

(3)材质的选择优化。

在产品的外观设计中材质的选择十分关键。材质的选择影响表面效果和产品的生产周期以及成本,有时也会影响产品的装配方式,常用的材料为塑胶和金属。

① 塑胶材料。

按照塑胶材材料料力学性能,塑胶材料可以分为以下 6 大类。

a. 通用塑料。通用塑料指综合力学性能较低、不能作为结构件,但成型性好、价格便宜、用途广的材料。产量大的塑料,包括 PE、PP、EEA、PVC,广泛应用于薄膜、管材、鞋材、日常生活用品等。

b. 普通工程塑料。普通工程塑料指综合力学性能中等、在工程方面用做非承载荷的材料,如 PS、HIPS、ABS、AAS、ACS、MBS、AS、PMMA 等,广泛应用于各种产品外壳和壳体类。

c. 结构工程塑料。结构工程塑料指综合力学性能较高、在工程方面用做产品结构件、可以承受较高载荷的材料,如 PA、POM、NORYL、PC、PBT、PET 等,广泛应用于各种产品外壳。

d. 耐高温工程塑料。耐高温工程塑料是指在高温条件下仍能保持较高力学性能的塑料,耐高温和高刚性如 PI、PPO、PPS、PSF、PAS、PAR 等,广泛应用于汽车发动机部件、油泵和气泵盖、电子电器仪表用高温插座等。

e. 塑料合金。塑料合金是指利用物理共混或化学方法而获得的高性能、功能化、专用化的一类新材料,如 PC/ABS、PC/PBT、PC/PMMA 等,广泛用于汽车、电子、精密仪器、办公设备、包装材料、建筑材料等领域,能改善或提高现有塑料的性能并降低成本。热塑性弹性体(Thermoplastic Elastomer, TPE)是物理性能介于橡胶和塑料之间的一类高分子材料,它既具有橡胶的弹性,又具有塑料的易加工性。应用领域涉及汽车、电子、电气、建筑、工程及日常生活用品等多方面。

f. 改性塑料。改性塑料是指在塑胶原料中添加各种添加剂、填充料和增强剂(如玻璃纤维、导电纤维、阻燃剂、抗冲击剂、流动剂、光稳定剂等),使塑料具有高阻燃性、高机械强度、高冲击性、耐高温性、高耐磨性、导电性等性能,从而扩大使用范围的塑料。玻璃纤维增强塑料(Fiberglass Reinforced Plastics)就是一种典型的改性塑料,简称玻璃钢。玻璃钢是在原有塑料(如 PC、PP、PA、PET、PBT)的基础上,加入玻璃纤维,复合而成的一种具有高强度、高性能的工程结构塑料。

② 金属。

金属材质比较常见的有:电铸件、铝/镁装饰件、不锈钢装饰件。

a. 电铸件。

• 特点:金属感强,耐磨性好。能进行精密加工,可以加工丰富的细节。

• 工艺:模具(材料铜、钢、镍),也称为原始模具。模具与零件反型。模具用精密 CNC 加工。将原始铜公放置到电解槽中镀镍,电解时间和电流大小决定厚度,得到的模具和零件一样。再用零件重复加工出模具,如此反复多次就可翻制出大量的产品和模具。一般前期出货量有限,当翻制的模具达一定数量时才可达量产要求。

表面处理及效果:一般在表面制作镭射效果,其七彩效果是靠曲面反射达到的。雕刻深度不超过 3 mm,拔模在 10 度以上。电铸件只能镀出 3 种颜色:银色、金色、黑色。其他色只能通过后期喷涂达到。

b. 铝/镁装饰件。

• 特点:效果及颜色多样化。

• 工艺:铝/镁合金的表面处理工艺,常见的工艺效果有拉丝、喷砂、高光、氧化、炫光等。连接方式用 9495 背胶或 9500 背胶(3M 胶)固定、螺丝固定等。

• 铝板拉丝:根据效果可分为直纹、乱纹、波纹、螺旋纹等。并且外观处理时,一般先拉丝再电镀。

• 阳极处理:又称为阳极着色处理,也被称作腐蚀处理。铝的阳极处理是金属表面借由电流作用而形成的一层氧化物膜,特点在于颜色丰富、色泽优美、电绝缘性好,并且坚硬耐磨,抗腐蚀性极高。

• 高光切削:高光加工不属于预处理,而是后加工。一般使用 CNC 高光机加工小的亮边,零件由于光泽度高,配以不同的刀纹,利用光线折光原理,可以增强表面装饰效果。

c. 不锈钢装饰件。

• 特点: 厚度薄 0.2 mm~0.3 mm,硬度比铝合金高。

颜色系列,包括深咖啡色、浅咖啡色、中咖啡色等;黑色系列,包括灰色、枪色等。

其他表面处理效果,包括拉丝、高光、麻面、亚光等。

二、曲面控制优化

电子产品设计中,特别是到了结构设计阶段,对于产品的反复修改是常有的事。如何快速有效地完成模型的修改十分重要。如果用传统的设计手段设计方法肯定是满足不了产品设计变更的需要。特变是利用艺术类的设计软件,修改更是非常的不便。Pro/E、CATIA、SolidWorks, UG 是目前几个主流的参数化设计工具。Top-Down 控制法是最有效的控制方法。控制得当可以做到及时自动更新设计变更。

1. 方法要点

途径: Down-Top Top-Down

Down-Top 控制法:一般来说多用于机械设计中,有时也用于简单的产品结构设计。此种方法是要求设计者先做好相关的配件,而后根据设计的实际需要将零件装成组件,组件再组装成产品,即先做好零件后再装配的方法。先前的任何零件做了修改,装配体由于使用的是统一的数据库,可以自动更新相应的修改,无须再重新构件改动过的零件,这样可以大大降低设计师的劳动强度,减少错误的发生。但它有相当大的局限性,就是如果设计者连产品的外形和组装方式都要大改的时候,就会很困难。Down-Top 可以用来修改细节,做大的布局上的修改时只能用 Top-Down。

Top-Down 控制法:在实际的项目中大多数会采用 Top-Down 的设计方法。即先做好大的布局,在此基础上逐步构成下一级零件。大的布局关系通常以线架构成面的形式存在。目前很多的设计公司基本都采用此种方法,一般都是用 MASTER 文件控制大的布局关系,但也许是出于图纸保密和技术保密的需要,一般给客户的图纸,不含这个文件。现在市面上的很多讲产品结构设计的书,很少详细介绍此种方法。所以以下章节将重点介绍 MASTER 文件控制法。如果在大量标准体或只需改变局部设计时,也会采用

Down-Top 的方式进行设计,先找到现有的零件,或先建立好零件部件,而后组装成产品。这种方式在进行局部设计时比较有效。相比较而言,如果对产品的整体关系做大的调整,Down-Top 这种方法效率及准确性远远不如 Top-Down 的方式。

在实际的操作中,需根据实际情况选择相对的控制方法。Down-Top 控制法比较好理解,就如同工人在生产流水线做出成品的流程是一样的。Top-Down 的控制法就像一个规划师,在做规划,先有大的布局,而后才有相应的细节。在骨架控制法的探讨中,我们通常关注 Top-Down 的控制法。

Top-Down 控制法控制的要点:

① 层级关系明确。

② 标注基准的合理化。

③ 整体的强壮性。

无论采取何种方法,层级关系是最重要的。这也就是我们通常在众多的一体化控制软件中提及的"父子关系"。永远是父级控制子级。如果在操作选择参照上存在"互为父子"或"子父关系",那么在整体架构的重新生成时,必然会出错,或直接使整个产品的特征大部分出错或彻底无法生成。所以明确的父子关系是第一位的。

三、结构细节的优化

1. 骨位优化

骨位也称加强筋。加强筋是产品设计中必不可少的一个特征,用于提高零件强度,作为流道辅助塑胶熔料的流动,以及在产品中为其他零件提供导向、定位和支撑等功能。加强筋的设计参数包括加强筋的厚度、高度、脱模斜度、根部圆角以及加强筋与加强筋之间的间距等。

2. 扣位优化

扣位作为主要的一种产品固定方法大概有以上四种类型。不同的扣位模具成型差别很大,原则上讲尽量用简单的模具结构实现扣位的成型。

四、成型优化

注射成型(Injection Molding)是最常用的塑胶件制造方法。用注射成型方法加工的塑胶件,不仅可以形成复杂的结构,而且零件精度高、质量好、生产效率也高。塑胶注射成型是将熔融塑胶材料挤压进入模穴,制作出所设计形状的塑胶件的一个循环制程。塑胶注射成型是一种适合高速、大批量生产、精密组件的加工制造方法,它将粒状塑胶在料筒内融化、混合、移动,再于模穴内流动、充填、凝固,其动作可以区分为塑胶粒的塑化、充填、保压、冷却、顶出等阶段的循环制程。一个典型的注射成型机,主要包括模具系统、射出系统、油压系统、控制系统和锁模系统等 5 个单元。

产品注塑不良有两种典型的情况,即外观不良和尺寸不良。外观不良表现为流纹、烧焦、起层、熔接痕明显等,其解决方法为干燥、加排气、调整工艺参数、修模等。尺寸不良表现为,装配误差大、翘曲、变形等,其解决方法为调整工艺参数、修模、加后处理工序等。但现在的解决方法,一般依靠的是技术经验,这就存在巨大的隐患,经验有时不一定是对的。所以下面小节中重点阐述 CAE 在设计中的运用。

五、Moldflow 注塑成型仿真

Moldflow 公司是一家专业从事塑料成型计算机辅助工程分析 (CAE) 的软件和咨询公司,是塑料分析软件的创造者。一直主导着塑料 CAE 软件市场。Moldflow 软件可以模拟整个注塑过程。

Moldflow 软件的 MPI 全称为 Moldflow Plastics Insight,是用于模流分析的 CAE 软件,也是目前公认的最佳模流分析软件。Moldflow Plastics Insight 包括以下模块:

① MF/Flow 流动分析。

② MF/Cool 冷却分析。

③ MFAVarp 翘曲分析。

④ MF/Stress 结构应力分析。

⑤ MF/Shrink 模腔尺寸确定。

⑥ MF/Optim 注塑机参数优化。

⑦ MF/Gas 气体辅助注塑分析。

⑧ MF/Fiber 塑件纤维取向分析。

⑨ MF/Midplane 中型面自动生成工具。

⑩ MF/Tsest 热固性塑料的流动和融合分析。

由于其优越的性能,目前广泛应用于塑胶产品分析、模具设计分析、成型工艺参数分析。

(一) Moldflow 在产品设计中的作用

1. 外观结构模型的缺陷分析

产品设计中都会有大量的结构支撑设计,大多数情况下很多的设计师依靠的是经验,到底加的骨位和其他的支撑结构对于改善产品强度和减少产品变形有没有作用,还

有加骨位的位置是否在最需要的地方,只有等产品注塑出来才知道,然后才能通过结构及模具的修改逼近完美的状态。如果一次不能改到位,还得再修改,这样时间就会被浪费。应用 Moldflow 可以在数字样机阶段,把潜在的问题,一目了然地看到,一次性解决。

2. 产品成型缺陷的检测和解决方案

产品缺陷主要有:外观缺陷和尺寸变形缺陷。(外观缺陷主要有产品烧焦、缺料、熔接痕等)

(1)外观缺陷。

① 产品烧焦:一般是由模具排气或模温、料温过高造成的,只要详细地查看分析报表结果,就可以找到原因。

② 缺料:也就是说产品塑胶料没有注塑满。原因有料温底,模温低,或者是冷却水路与注塑主流道的位置太近。

③ 熔接痕:指注塑成型中两股料流前方汇合区域相遇熔接而产生的线状痕迹形成的接线。如果这条线痕的区域在产品的主要支撑平面,那么将直接影响产品的整体结构强度。它与料温、模温、浇口的位置都有关系。到底是什么原因?可以分析出来,从而尽早作出修改方案,提高产品质量,减少修模次数。

(2)尺寸变形缺陷。

指产品成型过程中的翘曲和过度收缩。原因有冷却不均材料本身的收缩、注塑参数不当等,运用 Modflow 不但可以分析翘曲,而且可以准确地找出在产品的哪个位置翘曲,并且可以准确地仿真出翘曲的方向及翘曲量,以此为基础手动调整参数以达到设计要求。

(二)Moldflow 的工作流程

1. 快速分析

在系统默认条件下做快速分析,主要是找出大概的成型条件,包括压力、材料、浇口位置、产品的最大变形量等。

2. 详细分析

详细分析主要指的是充填、冷却、翘曲。通过三项分析基本可以把产品内在的问题充分地暴露出来,为优化提供一个参考依据。

3. 方案优化

方案优化包括产品优化和模具及工艺参数优化。这一过程是一个比较难和费时间的工作。涉及大量的参数修改,有时还必须做多套优化方案进行比较从而决定最终的方案。

4. 优化方案输出

方案的输出有以下几个格式 Word Powerpoint Html 其中的内容可以用图片或动画

输出。其内容包括：产品外观结构修改意见,模具结构设计意见(浇口位置,冷却水路排布,气穴位置,溶接线位置),注塑参数(机台压力,成型周期,材料选择,注塑过程设置)。

六、美工线

美工线是设计塑料产品时常用的遮蔽设计加工缺陷、满足加工工艺要求、美化装饰产品外观的工艺线条。它广泛应用于手机、电视、相机等消费电子产品以及工业电子产品设计中。但很多结构设计者往往不重视美工线设计,甚至认为工业产品的美工线可有可无,致使设计的产品不仅外观存在缺陷,而且为后续加工带来诸多不便。

(一) 美工线的类型和作用

美工线根据作用形式,有上下壳美工线、工艺美工线和装饰美工线三种类型。

(1) 上下壳美工线。

上下壳美工线也叫遮丑线,用于预防上下壳错位产生段差。此种美工线是对外观缺陷补救的预防措施,除非模具和注塑加工精度高,否则尽量设计美工线。

(2) 工艺美工线。

工艺美工线主要用于满足模具、注塑或表面处理等加工工艺要求,降低制造难度,提高生产效率及制品质量。它主要分喷油美工线和模具工艺美工线两种。喷油美工线是塑件喷双色漆遮蔽用的分油槽。模具工艺美工线是避免模具分型出现披风的工艺槽。

(3) 装饰美工线。

装饰美工线用于装饰和点缀以增加产品的美感,愉悦消费者心灵,有时还会兼顾产品功能分区,协调不同功能区的外观效果,最大限度地提升产品使用价值空间。

(二) 美工线结构设计

1. 上下壳美工线

上下壳美工线的位置有四种形式：位于公止口、位于母止口、公母止口各半、由公母止口间隙形成。四种美工线中,公母止口各半形成的美工线最美观,但模具加工最复杂;由公母止口间隙形成美工线最不美观,但模具加工最简单;但在实际应用时,当壳体壁厚较薄,美工线全部设计在母止口上,容易导致母止口注塑不充满,影响成品率,所以对于外观没有特别要求的产品和对于外观要求严格的产品,以及一般设计要求的产品,可选用不同的美工线。

2. 工艺美工线

多色喷涂的壳体需要在颜色分界处设计分油槽,采用治具遮罩满足双色喷涂工艺要求。分油槽也称美工线,常设计成凹陷结构,尺寸根据壳体和治具的精度和喷涂要求

设计。若壳体和治具精度高,美工线可以适当做小一些,一般壳体常根据喷涂要求设计。常用原则如下:

① 美工线底部喷漆。由于美工线底部喷漆,涂装沟槽会产生明显气流反弹现象,沟槽过深或太窄都将降低涂料附着膜厚度,使其均匀度不佳,尤以遮蔽率较差的颜色更为明显。因此,根据经验,喷油美工线宽度为 0.5 mm~0.7 mm,深度为 0.4 mm~0.6 mm。

② 美工线底部不喷漆。底部不喷漆的美工线,其宽度为 0.8 mm~1.0 mm,深度为 0.6 mm~0.8 mm。若槽宽较窄,会降低治具嵌入部位的强度,同时会加大由于治具嵌入部分成型尺寸变化而导致无法嵌入的风险。

③ 模具工艺美工线。模具活动滑块和可更换的模仁很难保证与主体模具配合得天衣无缝,在生产过程中不可避免出现错位,因此,在塑料件表面留下明显段差。当段差出现在产品外表面时会影响美观,因此,在壳体对应处设计美工线隐藏段差痕迹。美工线尺寸与壳体和段差区域有关,宽度为 0.5 mm,深度为 0.3 mm~0.5 mm。

④ 装饰美工线。装饰美工线常常是产品造型的美化和点缀,其大小、形状与整个产品和修饰部分的比例、外观的要求相关,尤其最常用的强化和协调不同功能分区的美工线与界面布局更为密切。常用的美工线是凹陷的,总体上越精密,尺寸越小的产品美工线越小。消费电子产品装饰美工线的宽度和深度通常为 1.0 mm×0.5 mm、0.8 mm×0.5 mm、0.5 mm×0.5 mm、0.3 mm×0.3 mm。装饰美工线用于功能性要求也较广泛,如手持类产品设计美工线用于防滑,电池盖类产品设计凸起的美工线用于推盖等。

(三) 美工线设计注意事项

1. 弥补上下壳段差

上下壳止口处设计美工线后也很难完全解决上下壳段差问题,因此,止口存在面刮和底刮两种情况。在设计中通常采用面刮,使上壳外形尺寸比下壳的大,这样产品既美观,又不容易挂手。

2. 满足模具强度和加工要求

设计美工线时要满足模具和治具强度和加工要求,美工线沟槽宽度越大、深度越浅,模具加工越方便,强度越好。因此,在外观要求允许的情况下,沟槽宽度尽量做宽,深度做浅。

3. 便于清理灰尘

通常情况下,设计成矩形的美工线沟槽,在槽底容易形成积尘死角,长时间暴露容易积尘,影响产品美观性。因此,在矩形沟槽底部采用倒圆角,或将沟槽形状设计成梯形,以便于清理。

4. 注意使用场所

美工线的设计要考虑到使用场所的需要,如消费电子产品常常采用弧度优美的美工线条达到美观修饰的目的,而商业场所则往往采用突出的硬朗美工线条以达到快速识别和提醒、警示等目的,因此,需在设计时加以注意。

第二节　产品的拆解与装配

如何让用户直观了解装配模型构造及其装配过程是一项极具挑战性的任务。复杂装配模型的大量零件位于装配模型内部,用户很难直接查看,为此人们提出了很多如采用剖视图、半透明处理、爆炸图等以方便用户查看装配模型内部零件的静态可视化方法。剖视图就是通过移除装配模型的外部遮挡零件的某一部分来展示装配模型中内部零件,然而这往往会破坏装配模型的完整性,而且根据遮挡零件的几何复杂度不同,用户交互难度也增大。半透明图通过修改遮挡物体的透明度来显示模型的内部零件,这在可视化中有着广泛应用。虽然通过半透明图,用户可以看见装配模型的结构细节,但是多个物体叠加在一起显示让人难以判断零件之间的空间位置关系。爆炸图,也称为立体装配图,是按照拆卸顺序将模型的各个零件拆散开来,相对于剖视图通过破坏某个物体的完整性来显示其他物体的方法。好的爆炸图不仅可以清晰地显示每个零件的结构,而且可以展示装配模型的整体结构以及各个零件之间的相对空间位置关系。传统静态爆炸图会把模型的每个零件拆散显示,这样当零件数目很多时容易引起用户视觉的混乱。另外,静态可视化方法只能为用户提供某个状态下装配模型中各个零件的位置,无法让用户了解装配模型的装配过程以及各个零件的装配约束关系。

一、装配模型拆卸序列规划

在预处理阶段,根据装配模型零件之间的装配关系建立装配约束图和若干拆卸方向的干涉矩阵,然后,基于干涉矩阵,采用迭代法生成装配模型的有向拆卸图,其中保存各个零件的拆卸方向、拆卸距离以及相互阻挡关系。

1. 拆卸关系建模

本书采用拆卸法进行装配序列规划、应用干涉矩阵对装配信息建模。干涉矩阵描述了装配模型零件沿某方向拆卸时相互间的阻碍关系,每一拆卸方向对应一个干涉矩阵。一般情况下,干涉矩阵的数目为 2n 个,其中 n 为装配模型中零件的接触面数。按照零件拆卸方向最小化要求,本书只采用了与坐标轴平行的 6 个方向作为基本拆卸方向,对于其他的特殊方向进行单独记录,在保证获得完整拆卸方向的基础上,大大减少了运算时间和存储空间。

算法描述如下:首先,建立装配模型的拆卸方向集合,读取装配模型,获得零件之间的接触关系,本书中主要获取面与面之间的接触关系。根据接触关系将零件之间的阻碍关系分为两类——平面阻碍关系与轴向阻碍关系,它们对应的拆卸方向分别为平面的法向与轴线方向。如果现有的拆卸方向集合中没有该方向,则将该方向放入拆卸方向集合中(初始为 6 个坐标轴向),然后为每个拆卸方向构造干涉矩阵,为每个零件阻碍关系确定起作用的拆卸方向集合,并将其写入相应的干涉矩阵。

2. 有向拆卸图

本书采用迭代法进行拆卸序列规划,通过对干涉矩阵的分析来确定各零件的拆卸方向,然后计算各个零件拆卸距离,并将其保存为有向拆卸图的形式。其中每一步迭代过程如下:

① 确定可拆卸零件集合 P 及每一零件的拆卸方向,将装配模型的所有零件放入待拆卸零件集合 S 中,遍历集合 S 中的每一个零件 p。如果 p 在至少一个干涉矩阵中不被 S 中其他零件遮挡,则将 p 放入 P 中,并在 S 中将 p 删除。其中,该干涉矩阵所对应的拆卸方向即为该零件的拆卸方向,若有多个可拆卸方向,则检查可拆卸零件集合中所有零件的拆卸方向,选取零件最多的拆卸方向作为该零件的拆卸方向。

② 确定可拆卸集合 P 中每一零件 p 的拆卸距离。查找与 p 有邻接关系的零件集合 q,并计算使两者分开的距离 dpq,则 maxdpq 为 p 的拆卸距离。本书首先计算该元件的凸包以及装配模型除去该元件后剩余部分的凸包,那么沿该元件的拆卸方向使得这两个凸包分开的最小距离就作为该元件的拆卸距离。

③ 将可拆卸零件 p 保存为有向拆卸图的一个顶点,同时保存拆卸方向和拆卸距离信息,搜索集合 P 中与零件 p 有阻碍关系的零件,并添加有向边,边的方向由 p 指向阻碍零件。对于包含部件装配的复杂装配模型,本书通过构造层次有向拆卸图来保存部件装配与其他零件之间的拆卸顺序,并采用递归法创建干涉矩阵和拆卸有向图。首先将部件装配看作一个单独的零件来处理,构造整个装配模型的有向拆卸图,然后对每个部件装配采用上述算法分别构造拆卸有向图,最后将不同层次的有向拆卸图合并。

本书不需要生成装配模型的完整装配序列,在得到装配模型的有向拆卸图之后,交互可视化子系统可以根据用户交互以及有向拆卸图实时生成装配模型的爆炸图。当用户在二维交互平台选择某个零件后,根据有向拆卸图,在三维绘制平台中首先将该零件的所有子节点沿相应的拆卸方向爆炸,然后再拆卸该零件。下面以 3D 眼镜为例对产品的拆卸进行示范。如图 2-1 ~ 图 2-9 为 3D 眼镜的拆解图。

图 2-1

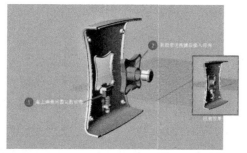

图 2-2

图 2-3

图 2-4

图 2-5

图 2-6

图 2-7

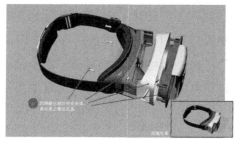

图 2-8

图 2-9

二、装配序列规划

装配规划是产品制造中的重要过程,迄今为止已有很多装配规划算法,大致可分为逻辑优先关系问答法、配合条件法、归约法等几个大类。其中归约法用得较多,它基于拆卸策略首先求得装配模型的拆卸序列,然后根据拆卸与装配的可逆性得到装配模型的装配序列。以装配模型的邻接关系图为主要数据结构,采用图论中的"割集"算法对邻接关系图进行循环分解,直至不可分解。然而割集算法会枚举所有可能的装配序列,其复杂度为图中顶点个数的指数级,所以该算法并不适于较大模型。为了提高速度,通过约束只生成可行的装配的序列,与图这种数据结构相比,矩阵更易于计算机表达和实现。因此采用干涉矩阵来对装配模型进行建模,每个干涉矩阵表示零件某一方向装配时零件之间的相互干涉情况。

1. 爆炸图

爆炸图便于用户快速、有效地了解产品的构造和使用,在教学材料、说明书和维修手册中应用广泛。根据输入的装配模型的二维装配图来制作 2.5 维的动态爆炸图,通过人工交互来生成产品的静态爆炸图,提出了一种自动生成产品的安装指示图的算法,通过几何计算分析零件之间的阻挡关系,自动确定产品每一个安装步骤以及零件的爆炸方向,但是这些方法产生的爆炸图并不能根据用户交互来动态变化。

2. 表意式绘制

与真实感绘制相比,表意式绘制可以让人们忽略一些琐碎的细节而保持模型的形状特征,这更符合传统的技术图解规范和人类对于模型的感知,迄今为止有很多算法对非真实感绘制进行了研究,对于复杂的模型一般会有很多零件位于模型的内部,用户无法从外部直接观察内部构造。因此,人们也会通过剖视图或者半透明图等方法来揭示模型的内部结构。剖视图是通过移除外部遮挡物体的一部分来展示物体的内部零件,通过多种不同的剖视图制作方法。半透明技术在可视化方面也被广泛研究,该技术根据用户交互以及传输函数对不同的物体的赋予不同的透明度,从而使用户所关心的内部物体也能显示。这虽然可以让用户看到模型的内部结构,然而许多物体叠加在一起显示容易使画面变得混乱。另外,颜色的选择对于物体的显著性表示也起着重要作用,艺术家以及一些专业设计师非常重视颜色选择,它可帮助用户快速、准确地发现图像中所蕴含的信息。

3. 图交互

本书通过绘制二维装配约束图来为用户提供交互平台,将图可视化应用于体可视化。已有的许多图交互的系统,由于图的结构比较抽象,非专业用户一般并不清楚装配模型中每个元件的名字,因此,如果采用简单的文字来标志每个顶点所代表的元件名称,用户交互难度很大。本书系统将每个零件单独绘制的结果作为图的顶点,并辅以文字标题,以方便用户交互浏览和分析。当图的复杂度增加时,为了减少视觉混乱,人们通过对图上的顶点和边进行聚类,采用过滤等算法来降低图的复杂度。通过二维装配约束图,用户可以在该图上交互,其中顶点表示装配模型的零件,边表示零件之间的装配约束关系。它们对应的拆卸方向分别为平面的法向与轴线方向如果现有的拆卸方向集合中没有该方向,则将该方向放入拆卸方向集合中,初始为 6 个坐标轴向,然后为每个拆卸方向构造干涉矩阵,为每个零件阻碍关系确定起作用的拆卸方向集合,并将其写入相应的干涉矩阵。

三、面向装配的设计

面向装配的设计(Design for Assembly, DFA)直接影响复杂产品的性能、研制周期、成本、运行及维护方式等,其重要性得到越来越广泛的重视。装配序列规划(Assembly Sequence Planning, ASP)是 DFA 的核心组成部分,在产品设计过程和调度管理活动中起着举足轻重的作用。复杂产品是指客户需求复杂、产品组成复杂、产品技术复杂、制造过程复杂、项目管理复杂的一类产品,如航空发动机、航天器、汽车、武器系统等。复杂产品通常包含大量零部件,为了揭示和分析其内部结构,表达零部件间的相对空间位置关系,装配设计人员需要构建新的视图,将装配体中的零部件按照指定的次序、方向和距离相互分离,这种视图称为爆炸图或爆炸视图。与剖视图、透视图等通过消除阻碍显示几何体来揭示内部零件的表现形式不同,爆炸图可清晰展示装配体中所有零部件的形状细节及之间的相互配合、连接关系,甚至装配顺序和装配路径。因此,爆炸图是装配序列的静态的可视化载体。爆炸图已广泛应用于复杂产品全生命周期的各个环节,如产品设计方案论证和产品宣传过程中的三维模型及装配、拆卸演示动画,制造、检测、外场维护过程中的装配手册、零部件目录、服务手册,以及网络化定制产品零部件。近年来的相关文献主要侧重于以图论等方法研究爆炸图的结构布局以及提高爆炸图的交互式生成效率,多以国外研究为主,并体现在专利技术上。最早利用零件间的面配合信息,产生三个描述各轴向平面接触关系图的有向图,通过规则将其转化为一种描述产品抽象爆炸关系的线性有向图。李灿林等基于这一思想,运用几何干涉规则,生成各坐标轴方向抽象的局部爆炸图,通过合并规则求解装配序列。BRUNO 等利用投影法粗略地推断可行的爆炸方向,进而生成爆炸图。AGRAWALA 等从认知心理学和可视化角度,提出了生成有效装配说明的设计原则,开发了分步装配说明生成系统,须手工输入几何数据、成组数据、优先约束、局部干涉等信息,适合处理简单产品。在此基础上,LI 等通过生成一种有向图生成 3D 模型的交互爆炸图,由于计算接触、干涉、包含关系耗时较大,限制该方法难以处理 50 个以上零件的产品。LI 等还开发了一套半自动化的图片编辑工具,允许用户指定零部件的装配方式,以一组图片的叠放显示爆炸效果,但需要较多的手工调节。日本的 MOTOMASA 根据给定的装配操作手册,对选定部分零件指定移动增量和方向矢量,定制爆炸图,不具有自动爆炸能力。KUMAMOTO 等开发了生成爆炸图及装配动画的工具,需要给定装配序列和方向。

以上研究主要存在 3 方面不足: ① 研究方法大多集中于图论,未深入挖掘产品的几何信息,需要人机交互。② 可行爆炸方向的推理不准确或耗时较大,且爆炸方向局限于理想的全局坐标系轴向。③ 装配序列规划与爆炸图生成过程相脱节,忽视了装配方案的重用性,且爆炸过程自动执行效率低。另外,商业化三维 CAD 软件(如 UG NX、Pro/E、DELMIA 等)中的自动爆炸功能依赖于零部件间的配合约束信息,存在爆炸不完全、位置不合理、结构散乱等诸多问题,无法为实际工程所用。因此,从爆炸效果和爆炸效率上,以上方法都不适于生成复杂产品的爆炸图。本书在于嘉鹏等以往装配关系矩阵自动生成及装配序列规划方面研究工作的基础上,研究了复杂产品爆炸图自动生成及相关功能,提高了爆炸图、装配追踪线、爆炸仿真等的生成效率和可视化效果。

爆炸图生成过程与装配体拆卸过程类似,但各零部件的爆炸终点位置更加错落有致,需要体现工程美感。因此,爆炸图的生成需要从拆卸序列及其方向两方面同时入手。在以往研究中根据拆卸与装配为互逆过程的原则,从几何分析及装配成本最小化的角度,提出了基于优先规则筛选的装配序列及路径优化算法(简称筛选法),拆卸序列与路径方向同时生成,为爆炸图的自动生成提供了有力支持。为了减少人工参与、实现自动规划,该拆卸序列算法选择了可以量化的 6 个影响装配效率的指标,每个指标中的信息都通过 CAD 二次开发技术提取和计算。

(1) 几何可行性。

利用自动生成的干涉矩阵,在每一次选择可拆卸零件的循环过程中,搜索 GIM 的行和列或 LIM 的行中所有元素都小于 2 的所有零件,作为候选件,以确保加入拆卸序列中的每个零件都可沿某方向无碰撞地移出装配体。

(2) 并行性。

为了减少装配工装夹具的更换次数,缩短装配时间,通过在候选件中匹配已拆件(具有相同名称、质量),获取一组并行拆卸零件。并行爆炸可使爆炸图结构更紧凑,关系更明确。

(3) 连续性。

为减少工位变更,缩短定位移动距离,集中精力完成当前工作区域的装配工作,通过判断候选件与已拆件所构成的 CCM 元素是否大于 0（即具有接触或连接关系的零件），获得最可能的候选件。该过程可回溯若干步已拆件，直到找到这样的候选件。

（4）稳定性。

为了减少夹具使用和装配辅助时间，降低保持装配体稳定所需的成本，通过累加 CCM 各行非零元素得到具有最小接触—连接度的零件。自动解析的连接件类型将在此可起到辅助决策作用，算法按连接件优先规则确定其先后次序。

（5）方向性。

为了减少装配重定向次数，利用 EIM 判断候选件可行拆卸方向集合与已拆件的确定拆卸方向是否具有交集，得到具有延续拆卸方向的候选件。同时，对于不具有延续拆卸方向的拆卸件，在选择拆卸方向时，首选无摩擦方向（即无接触干涉元素的行或列）及重力方向。良好的方向性可使爆炸图结构更合理、工程语义更连贯。

（6）可操作性。

为了减少重力的持续影响，同时提高机器手等复杂装配工具的可达性，通过比较各零件的质心位置高低、远近，得到质心较高或较前的一组候选件。以上指标中，几何可行性为后续指标的前提，后续指标是在几何可行性基础上的优化。为处理具有不同结构及工艺特点的复杂产品，本算法提供了定制各指标及其优先顺序的柔性，根据以上指标逐级筛选最优候选件，以构造一组最优拆卸序列。拆卸序列算法首先根据 CCM 中具有最大接触—连接度或最大质量零件，自动判断基础件（即最后被拆卸的零部件）以减小求解空间。然后从拆卸几何可行性的角度，通过 EIM 获取所有可拆卸的候选件。在此基础上，根据定制的各条优先规则，自上而下地逐级筛选所有候选件，直到在某个阶段筛选出唯一候选件；对于搜索到的一组并行零件，可直接拆卸而无须继续筛选，同时附加一组并行序号。通过 EIM 搜索每个零件的可行拆卸方向，并在其中优选无摩擦方向、重力方向、并行方向，或上一已拆零件的拆卸方向。零件拆卸后，将其所属行、列的非零元素置换为负值，以间接降低矩阵维数、缩小求解空间。重复以上过程，即可得到完整的拆卸序列。可随后利用爆炸图及爆炸仿真进行序列、路径方案的验证。

四、爆炸图自动生成方法

（一）爆炸图生成原则

从显示效果上，爆炸图应遵循以下三方面原则。

（1）视图可见性。

参与爆炸的各零部件要以均匀的间距完全分离，相对位置合理，从空间上达到各零部件的相对独立性,通过简单的视图旋转,即可观察到各零部件的轮廓全貌,无明显遮掩。

(2)结构紧凑性。

由于屏幕的视图区域有限,要想在同一视图下容纳复杂产品中的所有爆炸零部件,必须以尽可能小的空间代价显示尽可能多的模型细节,避免无谓的空间浪费,使爆炸后的结构更为紧凑。

(3)序列可读性。

理想的爆炸图是装配/拆卸序列的可视化载体。爆炸图要使各个零部件按照装配/拆卸顺序及方向排列在相应的轴线上,要达到通过爆炸图直接表达和描述装配/拆卸序列及其路径方向的效果,并且要层次清晰,具有工程美感。

(二)爆炸算法原理

爆炸图的生成原理可与手雷的爆炸过程进行类比。手雷主要依靠弹体在爆炸时所产生的弹片产生杀伤,为了更容易产生弹片,有的手雷将许多硬金属片镶嵌在内层的铝等软金属上,形成外壳。手雷中的易燃物被点燃后产生大量急剧膨胀的气体,由内而外推动弹片向各个方向散射同时伴随着能量的传递。在此过程中,内层弹片先爆炸,在受到外层弹片的阻碍后,将一部分能量传递给外层弹片,推动外层弹片爆炸,因此,外层弹片比内层弹片位移更大。随着能量的衰减,相互间冲击消失,弹片静止。将手雷类比为装配体,手雷中的弹片类比为装配体中的零部件,镶嵌弹片的软金属类比为基础件,便得出本书的爆炸图自动生成基本原理:零部件爆炸过程中伴随着能量的传递和衰减,表现为以基础件为核心,零部件在各方向上位移线性递增。爆炸算法以各零部件包围盒为计算对象,省略数字化模型细节,提高了生成效率。包围盒包含了零件实体的几何轮廓边界,可代替零件作为计算爆炸移动距离的对象,从而保证视图的可见性。由于嘉鹏等已将可拆卸方向扩展到各零部件的 LCS 方向,为了保证所获得爆炸图的结构紧凑性,算法相应地采用两种类型的包围盒,即 GCS 方向上的轴向包围盒(Axis-Aligned Bounding Box, AABB)和 LCS 方向(通常为倾斜的非轴向)上的方向包围盒(Oriented Bounding Box, OBB)。AABB 为包含该零件且其边平行于 GCS 坐标轴(+x, +y, +z)的最小六面体,所有零件的 AABB 具有一致方向。OBB 为包含该零件且边平行于该零件 LCS 坐标轴(/x, /y, /z)的最小六面体,不同零件的 OBB 具有不同的方向,以使其可以根据零件的形状特点尽可能紧密地包裹零件。这两种零部件包围盒均可通过二次开发方法从三维 CAD 系统中获取。通过指定坐标系矩阵及其原点可获得任意方向的 OBB;通过合并各零件包围盒极值可得到子装配体的包围盒。爆炸算法以基础件为爆炸核心,基础件位置不变,并以其包围盒作为初始参照物。爆炸过程中,按"后拆卸,先爆炸"的规则,依次以拆卸序列方案的逆序读取待爆炸零件名、拆卸方向、并行性等信息,按照拆卸方向类型(GCS 方向或 LCS 方向)选择相应类型的包围盒(AABB 或 OBB),结合拆卸方式(串行或并行),将待爆炸零件包围盒与实时计算出的所有已爆炸零件累积形成的包围盒(Accumulative-Bounding Box,A-BB)进行边界比较,并以预设的间隙偏置计算待爆炸零件的位移矢量,驱动零部件移动,从而自动生成爆炸图。在此基础上绘制装配追踪线,进行爆炸仿真或生成装配技术图解。

五、虚拟装配技术

作为虚拟现实技术在制造领域的重要应用,虚拟装配技术近年来已经取得了长足的发展,并引起越来越广泛的重视。从本质上讲虚拟装配主要实现两个层次的映射,即底层用产品虚拟模型映射产品物理模型,顶层用虚拟的装配仿真过程映射真实的物理装配过程。第一层次映射免除了产品原型的物理实现,同时使得可装配/拆卸性分析、公差分析等成为可能;通过第二层次的映射可以实现可视化的产品装配规划、装配仿真以及装配评价等。根据我们的理解,虚拟装配要实现两个目标:① 对设计结果进行可装配/拆卸性验证,并为再设计提供参考。② 进行装配规划,并获得可行且较优的装配工艺信息,用于指导生产。前者表明虚拟装配是作为 DFA(Design For Assembly,面向装配的设计)的使能工具出现的,并从某种程度上体现了 DFA 的思想和要求;而后者表明虚拟装配是装配规划以及装配工艺设计的使能技术。虚拟装配与虚拟样机、虚拟制造之间存在着紧密联系,研究内容上在零部件建模、数据交换与集成以及碰撞检测等方面存在交叉。虚拟装配技术是虚拟制造技术的关键部分,同时又是实现虚拟样机的前提和基础。在目前的虚拟装配研究中分为两大方向,一是基于虚拟现实的虚拟装配技术研究,二是基于计算几何方法的计算机辅助装配工艺规划研究。两种不同的研究方式,分别具有自己的理论和技术特点。前者比较具有代表性的研究有华盛顿州立大学 Sankar Jayaram 等开发的 VADE 系统和浙江大学刘振宇等开发的 VIRDAS 系统;后者比较具有代表性的研究有清华大学肖田元、张林鍹等开发的 VASS 系统以及西北工业大学邵毅等开发的 DMAS 系统。在本书所总结的关键技术中,后者的研究无须涉及零部件建模以及数据交换与集成,而对于其他的关键技术,如:碰撞检测、装配规划、基于约束的运动导航与精确定位、线缆管路等可变形体零件装配技术、知识的提取与应用和装配评估与验证等则是这两种研究方向中都必须解决的。本书对上述各项技术进行了综述,并在此基础上,分析了目前虚拟装配技术存在的不足以及发展趋势。

（一）关键技术综述

1. 碰撞检测

虚拟环境中的几何模型都是由成千上万的基本几何元素（通常为多边形面片）构成，具有比较高的几何复杂性。精确的碰撞检测对提高虚拟环境的真实性，增强虚拟环境的沉浸感有着至关重要的作用。碰撞检测可以分为静态碰撞检测、伪动态碰撞检测和动态碰撞检测三类。面向虚拟装配的干涉检测一般采用伪动态碰撞检测。国内外学者对虚拟环境下的碰撞检测进行了深入的研究，并做了大量富有成效的工作，提出了空间分解法和层次包围盒法等两类主流碰撞检测算法。这两种算法的主要思想都是尽可能减少需要相交测试的对象或基本几何元素对数。空间分解法是将整个虚拟空间划分成相等体积的小单元立方体，只对占据了同一单元立方体的几何对象进行碰撞检测，KD树、八叉树、BSP树等是这种方法比较有代表性的例子；层次包容盒法是当前比较通用的方法，这种方法通过使用体积略大但几何特性简单的包容盒来近似描述复杂的几何对象，通过对包容盒间的相交测试来进行几何对象的碰撞检测，这种方法比较典型的例子有轴向层次包容盒 AABB，方向层次包容盒 OBB 等。此外，相关的算法还有 K-DOP 以及魏迎梅等研究的算法。日本 ATR 通讯系统实验室的 A.Smith 提出了一种面向虚拟现实系统的实时精确干涉算法，该算法能进行面片级的精确干涉检测。上述算法大多针对多边形面片模型，可以根据虚拟装配模型的特点修改后应用于虚拟装配环境。近年来，国内学者根据虚拟装配环境的特点提出了面向虚拟装配的碰撞检测算法。张建民等在基于包围盒层次的碰撞检测基础上引入了多感知机制和组件技术，通过对虚拟场景中不同的装配情景和装配阶段进行分析，采用层次检测思想，实现了快速检测。刘检华等提出了面向虚拟装配的分层精确碰撞检测算法。

2. 零部件建模以及数据交换与集成

在虚拟装配系统中，为了减少计算量提高实时性，零件实体通常通过简化的多边形面片模型描述。采用三角形面片模型进行零件信息表达有两个优点：能够减少计算量，提高虚拟装配系统的实时性；为虚拟装配系统处理异构 CAD 系统的零件对象提供了可能。但与此同时，采用三角形面片模型进行零件表达也带来了损失精确几何信息与拓扑信息以及大量工程设计信息等问题。从虚拟装配技术发展以来，零部件建模技术一直是研究的重点。现在通用的方法是采用传统的三维 CAD 商品化软件进行产品的建模，然后对 CAD 模型数据进行转化，获得虚拟装配系统所能够接受的中性信息文件，导入到虚拟装配系统中完成虚拟装配环境下的零部件建模。但这种方法不能完全解决虚拟装配系统到 CAD 软件的逆向数据交换问题。Yong Wang 等人提出虚拟装配中基于物理属性建模（Physically Based Modeling），他们把基于物理属性建模与约束运动仿真相结合，建立虚拟装配系统中单纯化的基于物理属性的模型。他们开发的 VADE 系统将 CAD 系统中标识的零件模型的关键参数提取出来供用户在虚拟环境中进行修改，然后，CAD 系统根据用户的修改意图对零件进行参数化修改，最后，将修改后的零件重新装入 VADE。但他们没有说明从 VADE 到 CAD 系统的数据传输是如何实现的。刘振宇等人提出了将虚拟装配中的产品属性与行为信息分为产品层、特征层、几何拓扑层以及显示层，通过产品层次信息模型中的数据映射与约束映射，实现产品信息的层次间关联。虚拟装配系统读入 CAD 系统二次开发接口产生的中性文件后，建立虚拟环境中的产品层次信息模型。他们没有研究虚拟装配系统到 CAD 系统的逆向数据交换问题。他们也对虚拟装配环境中的物理模型进行了研究，给出了基于物理模型的虚拟装配的基本过程。刘检华等人提出了分层次的零件信息模型，采用分层的形式对虚拟装配系统中的模型进行表达，并采用特征参数的提取、特征重构等方法，对虚拟装配环境下零件的工程语义信息进行了重构。Judy M. Vance 等学者开发的 VEGAS 系统中的模型数据是通过嵌入式程序从通用 CAD 软件中导入并转化成面片，并通过"环境—零件组—零件—面片—顶点"的层次结构处理数字化模型。他们同样没有研究虚拟装配系统到 CAD 系统的逆向数据交换问题。万华根等为了减少 CAD 系统与虚拟环境之间所必须进行的复杂的数据交换，提出了将虚拟设计与虚拟装配环境集成，基于这一思想它们开发了一个集成的虚拟设计与虚拟装配系统 VDVAS (Virtual Design and Virtual Assembly System)，可以直接在虚拟设计与虚拟装配集成环境中修改零件设计，避免了与 CAD 系统进行数据交换与传输。"在 VR 应用中，工程人员可以通过操作产品模型生成辅助装配过程定义的重要信息或者最终改变产品模型，这时候（CAD 系统与虚拟现实系统中产品模型的）这种不兼容性显得尤为突出。不突破这个障碍，VR 技术被接受的可能性非常小。"由此可见，通用的、便于集成的零部件信息表达方法以及如何实现从虚拟装配系统到 CAD 系统的逆向数据交换是需要进一步研究的课题。

3. 装配模型建模

国外学者对产品装配模型进行了深入的研究，提出了对装配体静态结构进行描述的图结构模型、树表达的层次结构模型和基于虚链结构的混合模型。图结构模型是以图的形式描述装配体中各种不同实体间的相互关系，以 Bourjault 的连接图模型、D Y Cho 等人提出的联络图模型、Homen De Mello 等人提出的相互关系模型为代表。图结构模型的特点是关系表达比较直观，但与产品的实际结构不一致，不能表达零件间的层次关系，这种模型现在已经很少使用。层次模型是根据零部件的层次关系以树的形式表达装配并组织产品,能体现设计意图和产品结构,但各零件之间的装配关系的描述不够直观。近年来,许多研究者提出了一些新的装配模型,这些装配模型大都可以归为层次模型。如刘振宇等提出的面向虚拟装配的产品层次信息模型,姚珺提出的基于架构的动态装配模型等。

虚拟链模型结合了图结构模型和层次模型的优点,它以层次模型为基础,各子装配级别的零件间的装配关系通过虚拟链表达,这种表示结构的缺点是一致性维护比较困难。白山、程成总结出装配结构的聚合关系和约束依赖关系,通过时序关系的构造来反映交互的过程,由此表达装配体模型。这种基于时序的装配体模型特点是继承了经典装配体模型的优点,通过将装配关系进行分离和时序化,为交互过程的表达带来方便。张帆等针对网络化协同虚拟装配环境的需求提出基于 XML 的可重构装配模型,在装配模型数据存取机制以及开放性方面有所进展。

4. 装配规划

装配序列规划与装配路径规划是装配规划的重要内容。长期以来,国内外许多学者在装配序列规划和装配路径规划方面作出了大量的研究。在研究几何可行装配序列推理方面,法国学者 Bourjault 提出了约束图模型,将零件之间的物理接触关系定义为约束即装配约束,并提出了装配优先约束的概念,该约束需要用户交互输入。Whitney 等人改进了 Bourjault 的方法,降低了人机交互的次数。随后,Homem de Mello 等人引入了割集分析方法,并提出使用与/或图表达所有可能的装配分解方式,然后通过搜索与/或图生成所有可行的装配序列。这些方法都是以相对简单的装配模型信息为基础,通过一定的推理算法和简化规则的支持,获得所有可行的装配序列。R. H. Wilson 等人实现了当时最具有代表性的自动化装配规划软件 Archimedes 2,该软件使用 ACIS 实体建模系统表示零件与装配体的几何拓扑结构,包含了两个装配规划器—几何引擎(Geometry Engine)和状态空间规划器(State-Space planner),但用来验证该系统性能的最复杂的一个产品的零件数只达到 109 个。在通过计算机自动实现装配规划方面的研究已经取得了很多成果,但目前仍然面临很多问题:① 装配规划面向整个装配工艺过程,需要非常精确和逼真的设计和分析环境。② 对于给定的产品,随着零部件数量的增加,可行的装配序列爆炸式的增长。③ 产品的实际装配过程依赖大量装配经验,而这些经验已经被证明很难用公式化的语言来表达。④ 缺乏从所有可行的装配序列中选择最优装配序列的有效手段。范菁、董金祥等将人工智能技术与虚拟装配技术相结合,通过利用装配知识,在装配过程中为用户提供与装配序列相关的指导。X.F.Zha 等给出了一种基于知识的装配序列规划方法,这种方法通过对装配体分解的逐步推理获得所有可行的装配序列。

5. 基于约束的运动导航与精确定位

在实际的装配过程中,离开触觉这一重要感知特性进行装配是十分困难的。但在目前,由于硬件技术的制约,大多数虚拟装配系统尚没有令人满意的触觉反馈。因此,在虚拟装配系统中要使设计者能够自然、精确地进行装配定位,必须提供装配导航与精确定位功能,即在装配过程中,系统对设计者的装配意图进行理解与识别,通过对零件的运动引导实现零部件的精确定位。Fa 等人提出了一种基于直接三维操作和约束的实体造型方法,该方法通过约束识别与允许运动推理(Allowable Motion Inference)来实现三维操作的精确定位。但是,约束识别存在的问题是,约束识别算法的复杂度随着零件形状的复杂程度增长而急剧增长。因此,对于复杂的装配体来说,约束识别算法难以满足虚拟现实实时性的要求。许多系统是通过自动约束识别进行用户交互意图的捕捉,即在装配过程中通过动态识别装配零件间的约束关系捕捉用户的运动意图,从而实现零件的精确定位。英国 Heriot-Watt 大学机械与化学工程系虚拟制造研究组基于当时力反馈设备以及精确跟踪设备的局限性,他们在该系统中提出了使用"接近捕捉"(Proximity Snapping)和"碰撞捕捉"(Collision Snapping)方法确定虚拟部件的精确装配位置,这两种方法存在两个缺陷:① 虚拟装配环境下零部件的位置关系不能互换,即同种零部件不具有互换性。② 丢失了零件装配的中间过程信息,而这些信息对于评价零件的可装配性具有至关重要的意义。另外,自动约束识别算法识别出的约束并不一定与用户的运动意图相符。高瞻等提出了一种虚拟现实环境下产品装配定位导航方法,基于自由度归约方法进行约束分析,在理解与识别设计者的装配操作和意图基础上,通过空间几何角度分析,根据装配关系建立装配约束关系树,实现了虚拟现实环境下的产品装配的定位导航。刘振宇等提出了基于语义识别的虚拟装配运动引导方法,通过装配语义识别,捕捉虚拟装配过程中用户的交互意图 . 在此基础上,进行装配零部件的运动引导,使得用户能够在虚拟环境中自如地、准确地进行装配定位。与几何体素层次的约束识别相比,装配任务层次的语义识别对用户交互意图的捕捉更为有效和准确。

6. 线缆、管路等可变形体零件装配

产品中线缆、管路等可变形体零件的装配是一个不可回避的复杂问题,同样,虚拟装配系统也必须为此类零件的装配规划提供支持。目前国外的研究主要集中在手工、半自动以及全自动线缆、管路布局设计算法以及线缆布线的人机工效分析等方面,而没有考虑线缆、管路装配动态过程及交叉装配等影响装配质量和可靠性的重要因素。Jan Wolter 和 Ehud Kroll 采用了点线模型来描述多根线之间的相互关系,如打结、缠绕等,但是该模型只是停留在理论上,并不能解决实际中的装配布线问题。A. Loock 和

E. Schömer 在 E. Hergenröther 以及 P. Dähne 的工作基础上提出了线缆弹簧模型,并对不同刚度的线缆在承受重力的状态下进行仿真模拟,取得了较好的效果。Ng, F. M 和 Ritchie J M 等人开发了一个在虚拟场景下进行实时线缆装配布线的系统,他们通过头盔显示器以及三维鼠标等设备与系统交互,并对虚拟环境下进行线缆布线的效率进行了检测。该系统实现了线缆静态干涉检测,但只能验证线缆布局设计的可行性,没有涉及装配可行性及装配工艺规划。国内在线缆类零件虚拟装配方面的研究比较少,目前只有北京理工大学数字化设计与制造实验室在这一方面进行了研究。他们根据虚拟环境的特点,提出了线缆离散控制点建模技术,将线缆简化成由一系列截面中心点相连而形成的空间连续折线段。线缆的装配布线是产品制造过程中非常重要的环节,将虚拟环境与线缆装配布线相结合非常有必要,但是其中的关键技术相当复杂,而且人们对这方面的重视程度仍然不够。

7. 知识的提取与应用

虚拟装配为用户提供了实现人机交互装配规划的环境,在人机交互装配规划的过程中如何把知识提取出来并用于指导后续的装配过程是虚拟装配系统要解决的问题之一。英国 Heriot-Watt 大学机械与化学工程系虚拟制造研究组早在 1997 年就开发了一个虚拟装配规划系统 UVAVU (Unbelievable Vehicle for Assembling Virtual Units),该系统最大的特色在于提供了一种提取装配知识的方法。比较熟练的装配者在虚拟环境下装配产品模型时系统可以记录他们的活动,从而获取其装配意图并提取知识,这一过程主要包括四个阶段:① 定义典型的零件属性。② 对于给定的零件,为其属性赋值。③ 记录装配过程中的数据。④ 通过推导生成把零件关联到具体装配过程的规则。第二个阶段是通过手工完成的,这对用户来讲是不小的工作量。浙江大学计算机系范菁、董金祥等将人工智能技术与虚拟装配技术相结合开发了 KVAS 系统 (Knowledge-based Virtual Assembly System),在该系统中构造了一个知识库作为信息中心,把形式化后的专家知识存放到该知识库中,在虚拟装配过程中,可以利用知识库中的知识指导用户进行装配,同时通过对装配规划过程的学习,可以不断更新知识库的知识。在装配过程中,系统首先对待装配的零部件根据装配难度进行分类,设计者仅对复杂零件进行交互装配,而简单的零部件则利用专家知识由系统自动进行装配规划。

8. 装配评估与验证

本书认为,装配评估涉及的内容比较多,主要包括可装配/拆卸性评价、装配结果评价以及与装配相关的人机工程学分析等内容,其首要任务是零部件的可装配性评价,验证零部件设计的合理性。现有的虚拟装配研究都实现了装配过程仿真,在零部件装配仿真过程中可以通过人机交互实现可装配性评价。周炜、刘继红从产品可装配性分析的角度出发,提出了在虚拟环境下进行人工装配(拆卸)的方法,借助数据手套、头盔显示器等输入设备,在虚拟环境下操作者可以对装配体中的零件进行抓取、移动,并记录装配体拆卸顺序与各零件的拆卸路径。俞斌、刘继红等提出定性装配模型的概念,通过模型描述零件间的装配关系和零件的定性形状;提出一种以定性的位置和形状为基本信息的可装配/拆卸性分析方法,并通过分析零件的可移动性和移动方向,进行零件的装配/拆卸性分析。许多研究者把虚拟装配用来进行装配过程中的人机工程学分析以及对影响装配结果的因素进行分析,取得了一些研究成果。VRCIM实验室在VADE系统中集成了快速上肢评估(Rapid Upper Limb Assessment, RULA)算法进行装配过程中人机工程学方面的研究。他们在VADE系统中集成了一个可以根据不同人的身高和体形进行调整的参数化人体模型,通过与真实人体相连的六个跟踪设备对该模型进行跟踪,为RULA提供输入数据。在进行装配作业时,系统可以对人体模型的姿势进行实时分析。通过尝试多种不同的姿势以及装配过程,根据分析结果可以找到最佳的工作环境布局。希腊Patras大学制造系统实验室Chryssolouris等开发了虚拟装配工作单元(Virtual Assembly Work Cell),嵌入了人机工程学模型以及功能。他们在该系统下进行了快艇螺旋桨的装配,以此为例对影响装配时间的因素(如装配者的力量、工作单元布局等)进行了分析,并建立了半经验式的时间模型。目前国内尚没有这一方面的研究。

(二)虚拟装配存在的不足以及发展趋势

虚拟装配技术作为虚拟现实技术在设计与制造领域的具体应用,其发展在很大程度上受制于虚拟现实技术的发展。当然,虚拟装配自身也存在一些不足和有待发展之处,下面分析其不足和发展趋势。

1.拟实化程度将越来越高

从其自身来讲,虚拟装配有着不可逾越的优越性,然而,它在工业领域应用的成功程度却要取决于其对真实世界模拟的逼真程度。拟实化涉及虚拟装配最根本的两个方面,也就是虚拟产品模型和虚拟装配仿真过程。这给虚拟产品模型提出了信息高度集成、良好的数据信息存取机制以及可扩展的开放性等要求。碰撞检测算法的效率对虚拟装配过程仿真有至关重要的影响,产品模型的复杂程度不断提高,系统实时性、真实性和沉浸感也要不断增强,这对碰撞检测算法提出进一步提高效率的要求。目前数字化模型的虚拟装配过程尚不能完全取代物理原型的装配过程,这就限制了其应用范围。随着工业界应用要求的提高以及基于物理属性建模技术、虚拟现实技术和多模式人机交互技术的发展,虚拟装配拟实化程度必将越来越高,在可预见的将来一定可以取代物理模型装配过程,从而大大缩短产品开发周期并节约开发成本。

2. 实现标准化

纵观工业领域各种技术的发展与应用,大都有一个从非标准化到标准化的发展过程,这一过程同样适用于虚拟装配技术。当前虚拟装配涉及的技术和表达方式都没有统一的标准,这是其发展状况所决定的一个必经阶段。随着在工业领域应用的逐步展开,如果没有统一的标准,必将影响虚拟装配技术的应用范围,从而阻碍其发展,因此,实现标准化是虚拟装配技术发展的必然趋势。

3. 实现集成化

目前,国内外各大学及科研机构所研究的虚拟装配系统大都是通过接口从商用CAD 系统中获取产品的数字化模型以及设计者的设计意图,这一数据转换过程比较繁琐;而且在当前,虚拟装配仿真结果、再设计意见和建议也不能很好地反馈到 CAD 系统中。这两方面大大影响了虚拟装配功能的发挥。要充分发挥虚拟装配系统的功能并促进其发展,必须保证 CAD 与虚拟装配之间的信息通道畅通无阻,因此二者必须实现集成。在现有的 CAD 系统中集成虚拟装配功能将是一个不错的实现方法。

4. 工具化与智能化并重

虚拟装配要实现的两个目标之一是设计验证,它能够为工程师进行设计验证提供工具化的环境。装配知识难以完全形式化,完全靠计算机实现自动装配规划还有很多困难。因此,对于装配规划这一目标,当前看来主要是在虚拟环境下通过人机交互,装配规划人员同时可以根据需要查询装配知识库并获得相关装配知识,充分发挥人的能动性和计算机能力,以搭积木的形式仿真产品的实际装配过程,系统对装配的过程和历史信息进行记录,形成初始的装配顺序和装配路径,装配规划的过程又是装配可行性分析的过程。装配过程中,装配知识的有效提取与利用可以大大提高装配效率,减少装配过程中的误操作。基于知识的人机交互智能化装配是一个比较好的选择。在可预见的未来,人工智能不可能完全取代工程师在产品装配设计中的地位,而且,工具化与智能化并重的装配设计环境既能够发挥人的特长、充分利用人的创造性,又能够充分利用形式化的专家知识以及计算机能力,实现人机协同工作。因此,工具化与智能化并重在相当长的一个时期内是虚拟装配的发展方向。

5. 向网络协同化方向发展

并行工程与协同设计思想已经渗透到制造业的各个层面,制造业全球化的进程也正在加速。如何使地理上分布于世界各地的设计、工艺以及制造人员参与到产品装配设计、验证过程中来,是虚拟装配需要解决的问题。因此,建立基于 Internet 的协同虚拟装配环境是虚拟装配的发展方向之一。

6. 提供更完善的装配评估、验证功能

大多数虚拟装配系统目前只提供了初步的装配评估与验证功能,而且,限于当前虚拟装配系统的拟实化程度以及力反馈设备等人机交互手段的精确程度有待于进一步提高等现状,利用虚拟模型进行装配评估的结果与真实物理模型的评估结果仍然有一定的差距。实际产品设计与制造过程中,影响装配质量的因素有很多,如公差、装配精度以及装配变形等,然而虚拟装配系统当前并未提供对这些影响因素进行评估与验证的功能。需要特别指出的是,如何在虚拟装配中考虑公差约束的影响是一个尚未解决的难题,也是影响虚拟装配实用化的瓶颈。带公差的虚拟装配设计将是一个很重要的研究方向也将是一个研究热点。如何提供更多与装配相关的评估、验证功能,从而促进最终产品质量的提高,是虚拟装配今后要解决的问题之一。

7. 由手工装配过程仿真向生产线装配过程仿真发展

当前大多数虚拟装配系统只能仿真实际生产中的手工装配过程,而对于生产线装配过程则显得有些无能为力。生产线装配过程与手工装配过程之间往往存在着很大差异,手工装配过程仿真的相关结果通常不能用于分析生产线装配过程。因此,由手工装配过程仿真过渡到生产线装配过程仿真也是虚拟装配的发展方向之一。

在对虚拟现实技术研究的过程中要着重加强虚拟现实建模的研究,在虚拟现实的各种相关理论和技术中,虚拟对象模型的建立是一个最为核心和关键的问题,是构建虚拟现实系统的前提和基础。

六、虚拟现实技术

虚拟现实是利用计算机生成一种模拟环境(如飞机驾驶舱、操作现场),通过多种传感设备使用户投入到该环境中,实现用户与该环境直接进行自然交互的技术。它有四个主要特征:

① 多感知性:指除了一般计算机技术所具有的视觉感知之外,还有听觉感知、力觉感知、触觉感知、运动感知,甚至还包括味觉感知、嗅觉感知等。

② 存在感:又称临场感,它是指用户感到作为主角存在于虚拟环境中的真实程度。

③ 交互性:指用户对虚拟环境内物体的可操作程度和从环境得到反馈的自然程度(包括实时性)。

④ 自主性：指虚拟环境中物体依据物理定律或者遵循设计者想象的规律实施动作的程度。

（一）虚拟现实建模

虚拟环境中的场景是由一系列对象组成。场景一般包括几何、传感器、光源、视点、入口、动画对象等，通过对这些对象的描述来构造虚拟环境。几何对象：它是场景的基本元素，它的形状特征是利用已有的造型软件制作的，其中一部分具有静态特征，包括位置、方向、材料、属性等特征；另一部分还具有运动特征，它反映了物体对象的运动、行为、约束条件以及力的作用。传感器对象：它的概念合于任何为计算机提供输入线索的外部设备，这些输入主要用于控制对象的位置和方向，改变场景对象的行为，以及控制参与者的视点等。光源对象：有点光源、平行光源、面光源、环境光源，还包括可以置于场景中任何地方和方向的有向光源。视点对象：用户可指定观测参数，以便于在任何位置、任何方向、任何视角观察虚拟环境，在同一场景中还可以保留几个不同的视点，但同一时刻只能使用一个。它可以与传感器连接，根据传感器的运动动态地改变视点，从而可使参与者在所构造的环境中漫游和浏览。

（二）几何对象的建模

1. 几何对象的静态建模

在计算机中建立起三维几何模型，一般均用多边形表示。在给定观察点和观察方向以后，使用计算机的硬件功能，实现消隐、光照及投影这一成像的全过程，从而产生几何模型的图像。几何对象的静态模型描述了虚拟对象的形状和它们的外观（纹理、颜色、表面反射系数等）。几何模型具有两个信息，一个包含点的位发信息，另一个是它的拓扑结构信息，用来说明这些点之间的连接。虚拟对象的外表真实感主要取决于它的表面反射和纹理。现实世界中的物体，其表面往往有各种各样的纹理，这些表面细节是通过色彩或明暗度的变化体现出来的，这就是颜色纹理。

2. 几何对象的动态建模

物体的动态特性包括位置、碰撞、抓取、放缩、表面扭曲的改变等。几何对象位置的变化主要由平移、旋转、比例缩放等几何变换所引起。在场景创建时，不仅要采用定位每个物体的绝对坐标系，即世界坐标系，经常还要转换成三维对象的相对坐标。对每个物体对象建立一个坐标系，即对象坐标系（或局部坐标系），这个坐标系的位置随着物体对象的运动而改变；但在对象坐标系中，对象各点的位置和方向保持不变。在几何模型的结构组织上，采用层次结构，一个用层次结构来组织的物体定义了一组既可以作为整体运动，又可以独立运动的对象，较高层次的物体被称为父物体，较低层次的物体称为子物体。

（三）对象特征建模

1. 对象特征定义

场景建模中对对象的描述除静态特征外,还包括动态特征以及行为特征的描述。让虚拟环境中的虚拟物体不仅在外观上有逼真感,而且在行为上表现出一定的逼真感,就必须在表示虚拟物体时,除了表示物体的几何性质外,还要表示虚拟物体的物理特性。在正确表示了虚拟物体的物理特性后,便可使用这些物理特性确定物体在虚拟环境中的行为,获取与真实世界物体行为相同或相似的效果,所以只有将对象的物理建模及运动规则结合起来,才能形成一个真正的虚拟模型。虚拟对象的物理模型包括质量、重量、惯性、表面纹理（光滑或粗糙）、硬度、变形模式。

2. 对象特征建模

对象特征模型是与用户输入无关的物体的特征模型,比如一个虚拟办公室里,墙上有一只钟、一个窗式温度计和一个台式日历,钟上显示的时间和台历上的当天日期,是通过访问虚拟引擎的系统时间来更新的,窗式温度计所显示的温度由一外部温度传感器（热电偶或热电阻）来更新,这个传感器与运行模型程序的计算机接口相连,使用者每次漫游这个虚拟办公室时,时钟、日历和温度计上所显示的信息会发生改变,但它们的改变不依赖于用户的输入,这些虚拟物体似乎具有一定的智能,这就是 VR 系统中的自主性,这是通过外部传感器建立物体行为模型的一种方法。还有编程实现虚拟反射,比如抓住一个虚拟球,这个过程需要很好的手眼协调,为了帮助使用者抓住球,可以编程实现吸引反应,当球离手掌的距离小于指定的阀值,这只球看起来就是自己在向掌心移动。

（四）虚拟现实建模的关键技术

对于大规模场景的交互仿真来说,对地形地貌的要求是在满足实时性的前提下尽可能的真实,为使实时性与真实性有机地结合,必须适时灵活地采取一些专门的图形处理技术。

1. 实例（Instance）物体的使用

Instance 是图形学里为节省计算机的运行开销而采用的一种算法,采用 instance 算法,可以在增加同类物体数量的同时不增加运行开销,不增加多边形数量;但应注意,只要改变同类物体中的任何一个的属性,如尺寸、姿态、材质、纹理等,其他同类物体也随之改变,因此,需要有不同属性的物体时,不能用这种方法。

2. 外部调用及单元分割

在一个复杂的场景中,一般要包括地形模型、各种不动的实体模型和各种运动的实体模型,如果将它们直接合并在一个数据库中无疑会影响仿真的实时性,采用外部调用的方法将各物体调到地形场景中,可以使实时性得到大大改善,因为通过这种方法增加的物体,在该地形场景中将作为 instance 物体,减小了运行开销。

3. 细节等级(LOD)

细节等级是交互仿真中常用的方法,当视点由远及近接近物体时,该物体的模型也由简单变为复杂,以满足真实性要求;为了减少细节等级之间的突变,还应加入平滑技术。纹理也可以建立等级细节,对于大面积的地形模型,当视点在高空观察地面时,可用分辨率较低的纹理,甚至不用纹理,以与纹理相近颜色的材质代替,当视点逐渐接近地面时换以高分辨率的真实地形纹理。

(五)虚拟现实建模的实现

1. 建模软件

采用 MultiGen Creator MultiGen Creator 是由 MultiGen-Paradigm 公司开发的一个用于对可视化系统数据库进行创建和编辑的交互工具。它的每一种实现都包含了一个共同的用户接口和一个适应特定平台的特殊软件子系统,这种设计使得用户可以利用特定的扩展工具将一个基本的 3D 建模程序包改造成适合于某个特殊应用。它有以下几种主要工具:

(1)强有力的所见即所得的三维建模工具 CreatorPro。

CreatorPro 是一套高逼真度、最佳优化的实时三维建模工具,它能够满足视景仿真、交互式游戏开发、城市仿真以及其他的应用领域。CreatorPro 是唯一将多边形建模、矢量建模和地形生成集成在一个软件包中的手动建模工具,它给我们带来了不可思议的高效率和生产力。利用 CreatorPro 交互式、直观的用户界面进行多边形建模和纹理贴图,能够很快生成一个高逼真度的模型,并且所创建的 3D 模型能够在实时过程中随意进行优化。CreatorPro 提供的转换工具,能够将多种 CAD 或动画软件模型转换成 CreatorPro 所支持的 OpenFlight 格式。可以将 DTED、USGS DEM、NIMA 格式的数据及图象转换生成的数据进行网格化处理成 DED 格式,生成许多小网格,即由多边形构成的有高低起伏的曲面地形,最后找到该地区的地形纹理图像,经处理后贴在三维地形曲面上,就构成我们所需的地形地貌环境模型。

(2)地景数据库创建工具 TerrainPro。

TerrainPro 是一种快速创建大面积地形、地貌数据库的工具,使地形精度接近真实世界,并带有高逼真度三维文化特征及图像特征。它利用一系列投影算法及大地模型,生成并转换地形,同时保持与原形一致的方位。通过纹理映射,生成可与照片媲美的地景,包括道路、河流、市区等特征。它的路径发现算法,比线性特征的生成算法更优越,可以自动在场景中建立数千逼真的桥梁及路口。

（3）道路创建工具 RoadPro。

RoadPro 利用最精确和先进算法来生成道路，可以用于驾驶模拟、训练驾驶员和事故重现。

2. 硬件配置采用 SGI 图形工作站

SGI 图形工作站被称为视算的先驱，不仅硬件技术为当今最高水平，同时开发出性能优良的可视化软件平台，其中包括 OpenGL 图形驱动库、Performer 软件包等，并拥有大量的第三方软件、硬件支持商，其中包括 MultiGen Creator、Ve-ga 实时可视化驱动软件，适应高性能的可视化需要。导弹需要表现的地形也许在上百万平方公里以上的范围，且要求地形模型的细节等级高，特别是目标区的地形地貌，因此在处理巨大的数据量的前提下，还要保持实时性，必须采用高档的图形工作站，可以说 SGI 公司的 Onyx2 工作站是此行业中唯一的选择。

第三节 快速成型技术

快速成型技术，也称为快速原型（Rapid Prototyp-ing，RP）制造技术，产生于 20 世纪 80 年代后期，是基于离散—堆积原理和增材制造的一种新的成型方法，又被称为分层制造技术和自由实体制造技术。在对快速成型技术的研究中，以美国为首，欧洲和日本次之，我国在这方面开展研究工作的有清华大学、西安交通大学、华中科技大学和北京隆源自动成形有限公司等。目前发展应用比较成熟的快速成型工艺主要有：光固化快速成型（SLA）、叠层实体制造（LOM）、选择性激光烧结（SLS）、熔融堆积成型（FDM）、3D 打印（3DP）等针对特种性能金属材料关键件的直接制造。快速成型技术发展出了多种新工艺，如激光选区熔化（Selective Laser Melting，SLM）、激光熔覆快速制造（LENS、DMD、LAM、DLF 等）和电子束选区熔化技术（EBSM、EBM）等。

一、快速成型技术的基本原理

快速成型技术是在现代 CAD/CAM 技术、激光技术、计算机数控技术、精密伺服驱动技术以及新材料技术的基础上，集成发展起来的。不同种类的快速成型系统，因所用成型材料不同，成型原理和系统特点也各有不同。但是，其基本原理都是一样的，那就是分层制造,逐层叠加,类似于数学上的积分过程。形象地讲,快速成型系统就像是一台(立体打印机)。快速成型技术的基本原理是基于离散—堆积的成型方法,借助三维 CAD 软件,或用实体反求方法,采集得到有关原型或零件的几何形状、结构和材料的组合信息,从而获得目标原型的概念,并以此建立数字化描述 CAD 模型,之后经过一定的转换或修改,将三维虚拟实体表面转换为用一系列三角面片逼近的表面,生成面片文件(如 STL 文件等),再按虚拟三维实体某一方向(通常为 Z 向)将 CAD 模型离散化,分解成具有一定厚度的层片文件(CLI 文件等),由三维轮廓转换为近似的二维轮廓,然后根据不同的快速成型工艺对文件进行处理,对层片文件进行检验或修正并生成正确的数控加工代码,通过专用的 CAM 系统控制材料有规律地、精确地叠加起来(堆积)而成一个三维实体制件。

二、快速成型技术特点

由于快速成型技术的成型机理与传统制造工艺的不同,所以快速成型技术主要具有以下方面的特点:

① 运用快速成型技术可以由 CAD 模型直接驱动,与快速成型系统实现无缝连接,从 CAD 模型到完成原型或零件制作,只需几个小时到几十个小时,较传统加工方法节省 50%~70%。的工时,缩短新产品研制周期,确保新产品上市时间。

② 改变了传统切削加工去除材料方法生产零件的工艺,采用增材成形原理,分层制造,可以制造任意形状或复杂程度的零件,提高了制造复杂零件的能力。

③ 随着网络技术的发展和普及,以及集成化研究、设计和制造人员可以通过各种桌面直接控制制造过程,实现设计和制造统一协调和无人化,实现异地操作与数据交换,用户可以通过网络将产品的 CAD 数据传给制造商,制造商可以根据要求快速地为用户制造各种制品,从而实现远程制造。

④ 快速成型技术生产零件,由于取消了工装夹具,系统不作任何改变或调整,即可完成不同类型零件的加工制作,具有高度的柔性,支持技术创新、改进产品外观设计,显著提高新产品投产的一次成功率。

⑤ 产品成型无须专门的工装夹具和模具,成本只有传统加工方法的 20%~35%,大大降低新产品制造成本。

三、快速成型技术在现代制造业中的应用

1. 金属零件的直接快速成型

随着计算机科学控制理论、材料科学等学科的发展,快速原型制造技术已不再局限

于原来的产品设计和测试,逐步向产品的直接生产制造和近净成形制造转变,即发展成为快速制造(Rapid Manufac-turing, RM)技术,目前国内外研究的金属零件的直接快速成型工艺,主要集中在单工艺与复合成型工艺直接成型两个方面。单工艺直接成型技术,主要有选择性激光烧结技术、激光近形制造技术、3D 打印成型、金属零件的 LOM 技术、等离子熔积直接成型、熔滴成型制造技术、多相组织沉积制造工艺等。复合成形工艺主要有熔融沉积与数控铣削复合直接制造金属零件、高速铣削与激光复合加工等,国外一些知名大学和研究机构,已经通过金属零件的快速成型,制造出钛合金的金属零件且应用于飞机上,国内在这方面的研究也取得了很大的进展,主要采用类似于 SLS(选择性激光烧结)工艺的方法,直接制造金属零件;采用类似于 SLS 的工艺,制造出可实际使用的金属 EDM 电极;基于六轴机器人系统,采用高能束 YAG 激光器,通过激光熔覆制造出三维金属件;利用自主开发的 SLS 设备 STPI 进行了烧结,获得金属模型的工艺实验等。

2. 快速模具成型制造

快速成型技术在模具制造上的应用包括两方面:直接制模和间接制模。直接制模,是根据实际需要,采用快速成型技术直接制造不同材料的模具。随着快速成型技术的发展,可用来制造原型的材料越来越多,性能也在不断改进,一些非金属材料已有较好的机械强度和热稳定性,因此可以直接用作模具。如采用 LOM 工艺成型的纸基原型,坚如硬木,可承受 200℃的高温,并可进行机械加工,经适当的表面处理(如喷涂清漆、高分子材料或金属)后,可用作砂型铸造的木模、低熔点合金铸模、试制用注塑模以及熔模铸造用蜡模的成型模。利用选择性激光烧结聚合物包覆的金属粉末,得到含有金属的实体,再将聚合物在一定温度下分解消失,然后在高温下烧结,这种烧结件多为低密度的多孔状结构,可以渗入熔点较低的金属后,直接得到金属模具。这种模具可用作吹塑零件的模具,也可作小的注塑模具和压铸模具,用这种方法制作的钢铜合金注射模,寿命达数万件,可用于大批量生产中。此外,若用金属材料作为 FDM 的造型材料,也可以直接形成金属模具。间接制模,指利用快速成型技术首先制作模芯,然后再用此模芯结合精密铸造、金属喷涂制模、硅橡胶、电极研磨、粉末烧结等技术复制硬模具(如铸造模具,或采用喷涂金属法获得轮廓形状),或者制作母模复制软模具等。对由快速成型技术得到的原型表面进行特殊处理后代替木模,直接制造石膏型或陶瓷型,或是由原型经硅橡胶过渡转换得到石膏型或陶瓷型,再由石膏型或陶瓷型浇注出金属模具。以快速成型技术生成的实体模型,作为模芯或模套,结合精铸粉末烧结或电极研磨等技术,可以快速制造出产品所需要的功能模具,其制造周期一般为传统的数控切削方法的 1/5 或 1/10。模具的几何复杂程度越高,这种效益愈显著。

3. 快速成型技术与逆向工程的结合

逆向工程（Reverse Engineering，RE）又称为反求工程，是从已有产品出发，经过精密测量、数据预处、三维重构数据后处理等过程，再现产品形状结构特征的现代设计方法。逆向工程技术的应用，对产品的消化吸收再创新有着重要的意义，根据精密测量处理后的信息，可以获得所需要的制造加工数据；采用传统的加工方法，对于许多结构特别复杂的零件，特别是内腔具有复杂结构或是中空结构的零件，往往无法实现，由于快速成型技术分层制造的特点，特别适合于复杂结构零件或异形零件的成型制造，RP 与 RE 的完美结合，形成一个包括设计、制造、检测的快速成型闭环反馈系统，不但促进了反求工程的发展，还可以充分发挥快速成型技术的潜能，扩大快速成型制造技术的应用范围。这种逆向思维系统比运用正向思路的工程系统生产路径短，技术集成度大，可以大大缩短产品的开发周期，减少开发费用。

4. 装备快速修复

快速成型技术产品制造周期短，设备简单，易于操作，在装备的快速修复方面具有突出的作用，特别是对于野外装备。当设备出现故障，零件损坏，可以通过网络或直接从计算机中调出该零件的三维模型或 CAD 数据文件，快速制造出所需零件，就像一个移动配件库，可以大大减少备用零件数量，降低成本和增加灵活性。

5. 在航天航空和军事工业中的应用

快速成型技术在航天航空和军事工业中的应用越来越广泛，据美国快速成型咨询机构 WohlersAs-sociates 统计，国外快速成型技术在航天航空和军事工业中的应用，分别占 8.1% 和 9.0%。快速成型尤其适合于航天航空产品中的零部件单件小批量的生产，并具有成本低和效率高的优点。例如，在飞机和航空发动机的零部件快速铸造上、航空器风洞模型制造上以及飞机装配实验室，都采用了快速成型技术，体现了该技术在复杂曲面和结构制造上的快速性和经济性。

四、快速成型技术进一步研究的重点

随着现代制造技术的不断发展，越来越多的企业利用快速成型技术进行产品开发和直接生产，快速成型工艺越来越成熟。为了实现各类产品或零件的快速、低成本高精度直接的成型制造，快速成型技术需要确定进一步研究的重点。

1. 快速成型新材料和替代材料

快速成型发展目前最大的难题，在于材料。材料的物理与化学性能、成本都是制约快速成型技术发展的瓶颈。合适的材料，是快速制造的关键。目前使用的材料主要有液体聚合固化类材料（以光敏树脂为代表）、粉末烧结与黏结类材料（如各类金属粉末材料陶瓷粉末材料等）、丝材线材熔化黏结类材料、膜板材层合类材料等。在很多情况下，快速成型工艺使用的材料，不是金属或陶瓷材料，没有足够的强度构筑某些形状或整个制品，这时，需要寻求有更好力学性能的材料，或采用适当的化学和物理性能的新材料或替代材料，其最终目标是开发出可以直接制成所要求成分结构和性能的实用零件。目前我国快速成型技术使用的工艺材料，大多数需从国外进口，价格昂贵，致使生产成本提高，导致产品制造商，尤其是国内中小型企业难以接受。因此，开发国产材料，如光敏聚合物、热塑性材料或黏结剂等，是快速成型技术推广应用的当务之急。

2. 快速成型精度

影响成型件精度的主要因素有三：

① 数据处理引起的误差。此指三维 CAD 模型转换成 STL 格式文件以及随后切片转换成 CLI 文件时产生的误差。

② 工艺过程引起的误差。此指成型过程中的翘曲变形以及成型后制件吸收水分温度和内应力变化等不稳定因素，造成无法精确预计的变形。

③ 由于喷头尺寸、台阶效应、数控代码引起的误差等。目前快速成型件的精度一般处于 0.1 mm 的水平。影响快速成型制件精度的因素很多，主要有原理性误差工艺参数引起的误差材料收缩引起的误差设备误差等。其中工艺参数对制件精度影响最明显，并且工艺参数对精度不同方面的影响存在相互矛盾。如何优化工艺参数，是提高制件精度要考虑的一个主要问题。

3. 快速成型新工艺

在现有的基础上，拓宽 RP 技术的应用，开发新的 RP 技术的探索，新的成型方法层出不穷，如喷射成型技术的广泛应用，已成为快速成型技术发展的重要趋势，其主要面临的难题是喷射速度较低。同时快速成型技术与传统制造技术相结合，如结合精密制造可以制造高品质的金属零件。

第四节　三维模型的工艺制造

快速成型的工艺方法基于计算机进行三维实体造型，在对三维模型进行处理后，形成截面轮廓信息，随后将各种材料按三维模型的截面轮廓信息进行扫描，使材料黏结、固化、烧结、逐层堆积成为快速原型,这就是所谓的分层制造技术。经过十来年的研究和发展,推出了数十种快速成型加工方法和工艺。就基于分层制造的加工工艺而言就有 30 种之多,目前比较成熟并流行使用的分层制造工艺有如下几种:

① 激光立体制模法,又称液态光敏树脂选择性固化法(SLA)。用激光束对液态光敏树脂进行逐层扫描固化,最后形成三维实体。

② 纸层叠法,又称薄形材料选择性切割法(LOM)。用加热辊和激光束对背面涂有黏结剂的纸、塑料带、甚至金属带进行逐层黏结和切割,以形成产品各层轮廓,经各层叠加以形成产品原型。

③ 熔化沉积法,又称丝状材料选择性熔覆法(FDM)。用逐步送进热融塑料丝的方法来堆积产品的各层轮廓。

④ 烧结法,又称粉末材料选择性激光烧结法(SLS)。用激光束对塑料粉或金属粉进行扫描熔化,从而构成产品的各层轮廓。除了分层制造的各种方法之外,有关文献还推出一种将材料去除成型与材料添加成型进行集成的快速成型技术制造工艺。它利用激光束将熔融材料堆结成型并进行切削加工制造零件。

一、三维模型在快速成型制造技术体系中的重要性

快速成型技术是计算机辅助设计及制造技术、逆向工程技术、分层制造技术(SFF)、材料去除成型技术(MPR)、材料增加成型技术(MAP)等诸多技术融为一体的一项综合技术。也就是说,快速成型技术就是利用三维 CAD 的数据,通过快速成型机,将一层层的材料堆积成实体原型。

1. 三维 CAD 造型

利用各种三维 CAD 软件进行几何造型,得到零件的三维 CAD 数字模型,是获得初始信息的最常用方法。目前许多 CAD 软件在系统中加入了一些专用模块,将三维造型结果进行离散化,生成面片模型文件(STL 文件, CFL 文件等)或层片模型文件(LEAF 文件, CLI 文件, HPGL 文件等)。

2. 反求工程

就是对现有实物进行三维测量,利用测量数据求出三维 CAD 模型。在快速成型技术中引入反求工程,可形成包括设计、制造、检测的快速设计制造闭环反馈系统,这样可以充分挖掘快速成型技术的潜能,拓宽快速成型技术的应用范围。主要的测量方法可采用三坐标测量仪进行接触式测量,也可利用投影光栅和激光进行无接触测量,现有少数公司推出了自动断层扫描方法,可用于对物体内部结构形状直接进行测量。

3. 集成的快速成型技术

当今快速成型技术发展的一个重要特点,就是它与其他制造技术的结合越来越紧密。从设计到零件的快速制造过程可以通过材料去除法和材料添加法来实现。所谓材料去除法即由三维 CAD/CAM 软件进行产品造型,生成数控代码,然后通过 CNC 数控设备加工出所需的零件来,这种方法可用于批量的较大形状规格的零件。而对于形状不规格且带有内部复杂结构的零件,用材料去除法加工起来很困难,有时甚至不可能,这种情况下可采用材料添加法进行加工制造,它通过快速成型工艺可以制造各种形状复杂的零件和模型,可以直接或间接地制造各种生产模具和 EDM 电极。将快速自动成型系统与传统制造方法进行有机结合的集成快速制造系统将使复杂零件的生产周期大大缩短,生产成本大幅度降低。由此可见,在快速成型系统的工作流程中三维模型的制造是很关键的,在整个流程中占重要地位。

二、三维模型的制造在快速成型技术中的应用

三维模型在新产品开发中具有重要的作用,例如,研究二维设计转化为三维实体的可行性、产品形态和其内部结构的协调性、产品造型与人机的适应性和操作性,作为产品的投标模型和市场模型进行展示与宣传等,可有效进行产品评估、缩短设计反馈周期、提高产品开发成功率、降低开发成本。这种模型可按其功能分为概念模型、功能模型和技术模型。概念模型用于展示设计的整体概念、立体形态和布局安排,进行多种设计方案比较分析。功能模型用于研究产品造型与结构关系,表达结构尺寸特点和连接方式等,研究产品的一些物理性能、机械性能,进行分析检查和检验。例如,飞机、汽车、火车、建筑物及结构框架都需要进行风洞实验,快速成型方法制造出的模型,可以很好地用于这种实验,并且根据实验结果及时修正设计,降低成本与时间。新开发的树脂材料可直接用于光弹应力分析。技术模型与实际产品几乎相同,由功能模型发展而来,采用真实材料制造,具有严格的尺寸关系和相同的性能,可直接作为零件使用。快速成型技术有两个显著的特点,就是用它加工的产品造价几乎与生产批量和产品的复杂性无关。由于这两个特点,快速成型技术已在电器、汽车、医学、航天航空、轻工产品、工业造型等领域得到广泛的应用。利用快速成型技术制造新产品样品,通过样品可对新产品形状及尺寸设计进行直观的评价,可进行新产品性能测试分析;在医学上利用 CT 扫描和 MRI 核磁共振所得的人体器官数据,在快速成型技术上制造模型,以便策划头颅、面部和牙齿等外科手术;在宇航领域,可用快速成型技术制造复杂的宇航制品以及太空服、手套等。由此可见,快速成型技术的应用都是基于快速的三维模型的制造。

第五节　快速制模技术

以母模或样件为基础制造各种模具现在有很多方法,其共同特点是速度快成本低,但是母模的获取是这些技术的瓶颈,特别是复杂形状的母模,用传统的机加工方法制造母模不但速度慢而且受到加工机械本身的限制。如果用现成产品做母模,这样只能仿造而不是创新,同时现成的母模难以补偿制造过程中的各种尺寸收缩。在当前激烈竞争的市场经济中,产品的更新换代日益加快,小批量、多品种是总的发展趋势,新产品的样件试制也越来越多,传统铸造模具的现状已很难适应当前的形势,而快速成型技术的出现,为使用各种快速制模技术注入了新的活力,很好地解决了复杂形状母模获取的瓶颈问题。应用快速成型方法快速制作工具或模具的技术称为快速模具制造(Rapid Tooling,简称 RT),目前它已成为快速成型技术的一个新的研究热点。由于传统模具制作过程复杂、耗时长、费用高,往往成为设计和制造的瓶颈,因此应用快速成型技术快速经济制造模具成为该技术发展的主要推动力之一,而用快速成型技术直接制造金属零件或模具更是 RP 领域研究人员的目标,目前也已取得一定的成果,但尚不能应用于实践,因此需要金属零件或进行批量生产时,还需要将快速成型技术与各种转换技术相结合,间接制造金属零件或模具,用 RP/M(快速成型制造)技术实现模具的快速制造,减少模具制造成本和时间。

模具的结构与产品的形状特征有密切的对应关系,产品设计模具设计和制造过程中的各种信息相互联系并相互传递,基于 RP/M 的快速模具制造技术可将这些过程组合为一体,实现信息共享,提高信息传递效率,及时对产品和模具结构进行优化设计,从而为并行工程的应用创造了必要条件。

一、快速制模技术的分类

利用快速成型技术实现快速制模,按功能用途可分为注塑模、铸模、蜡型的成形模(铸型模)及石墨电极研磨母模;按制模材料可分为简易模(又称为经济模、软模)和钢质硬模;根据不同的制模工艺划分有直接制模法和间接制模法两种;根据其强度、表面硬度、使用温度以及加工制品的个数(即使用寿命)又可分为软模和硬模,软模的机械性能、耐热性能和使用寿命低于硬模,适合于小批量塑料的低压浇注和常温固化成型,模具材料有环氧树脂、硅橡胶材料、低熔点合金、锌合金和铝合金,软模的成本较低,制造方便,精度和表面光洁度较高。硬模多由金属材料制造,模具强度、表面硬度/耐热性和使用寿命均比软模高,主要用于塑料注射加工模具,目前的发展方向是制造高精度、应用范围广阔的硬模。

二、直接制模法

基于 RP/M 技术的快速直接制模法是利用快速成形技术直接制造模具本身,再经过一些必要的后处理和机械加工以获得模具所要求的机械性能、尺寸精度和表面粗糙度。该法既不需用系统制作样件,也不依赖传统的模具制造工艺,而是直接用快速成型件做模具。对金属模具的制造尤为快捷,是一种极具开发前景的制模方法。直接制造的快速模具尺寸精度高、结构精巧、设计灵活,例如,流道系统冷却或加热管路的布置可以更为合理,制造速度更快。直接制模材料大多是专门的金属粉末或高、低熔点金属粉末的混合物,也可使用专门的树脂。目前有代表性的直接制模法有:利用 SSL、SAL、3DP、LNEs、DMLS 等工艺来制作模具。

小　　结

本章重点阐述曲面检测,拔模分析,分型线优化,MOLDFLOW 成型分析在提高产品外观及结构性能方面的具体方法。从外观、结构、模具、装配四个方面综合考虑,从交叠区域寻求解决途径,强调艺术设计与工程设计的无缝衔接。

所有参数化、一体化的设计软件都是用数值来定义形状,其形状和位置都是靠标注的数值所定义。合理的标注是要做到可以随意修改的关键。对整体的图形形状或位置关系做调整时,要求骨架必须是强壮的,不会因为修改某一尺寸,而使整体大形发生意外的形变。要做到整体骨架强壮,所有标注的尺寸必须一个不多、一个不少。选择的基准必须合理。这要求设计师必须具有一定的工程制图基础。做到以上几点,要想对模型做到随意修改,基本上来说没有问题。

看似简单的美工线设计,实则影响着产品美观性和加工便利性。细节设计决定产品的成败,是产品竞争力的体现。美工线作为塑料件的重要结构细节设计之一,在充分考虑塑料结构件功能要求的前提下,需重视和强化美工线的设计和应用。

快速成型技术是当今世界上发展最为迅速的先进制造技术之一,其为产品的开发,提供了一套新的流程,并且对传统制造业的组织结构产生了冲击。因具有高度柔性的制造思想,已经被企业广泛接受,可以说快速成型技术是继数控技术之后,制造业的又

一次重大革命。快速成型技术在现代制造业中的应用,将大大提高企业产品的市场响应能力和市场占有率,提高企业的市场竞争力,为企业创造更大的经济效益。快速成型技术是高、新技术的集成,它的突出优点是:具有高度的柔性化,有高的制造精度和快速制造能力,具有多种功能,能够制造多品种小批量的产品,在经济上具有无可比拟的优越性,同时又能满足产品的个性要求,以适应多种经营的需求。它极大地满足了日益激烈的竞争的需求,为企业赢得了市场。因此,快速成型技术能够飞速发展,应用领域迅速扩大。

本章习题

结合本章内容,选择一个实体产品,对产品进行拆解,并完成拆解分析报告。

3D 打印过程及 3D 打印机维修方法

以下是关于 3D 打印机的最基本的打印过程操作及维修方法介绍,不同版本的固件(固件即烧录到机器内的程序),在机器的功能操作以及液晶显示上存在一定的差异。

第一节　打印过程

一、操作说明

(一) 开箱

(1) 检查 3D 打印机外观,是否有碰伤、擦伤等缺陷。

(2) 打开上盖,剪去喷头固定扎带(绑定在 Z 轴上的扎带)。

(3) 用手移动喷头,检查 X、Y 方向移动是否灵活。

(4) 取出耗材卷,撤除包装,将耗材卷套入打印机后侧耗材卷轴并穿入送丝孔,如图 3-1,耗材丝穿过导丝管,然后从打印喷头上方的孔内插入,最后拧紧支架螺帽。

(二) 计算机准备工作

RL200A 3D 打印机开始工作前,请确保采用可靠接地的电源插座,并打开位于 3D 打印机后壁处的电源开关,但不要把 USB 与计算机连接(请在下述软件和驱动安装完成后)再连接 USB 线。

请按照如下操作步骤依次安装驱动软件和控制软件。

图 3-1

57

1. 安装上位机软件

注：上位机软件应不定期地进行更新，注意官网相关公告，及时下载使用最新版本的上位机软件。

（1）点击运行"myriwell.exe"： 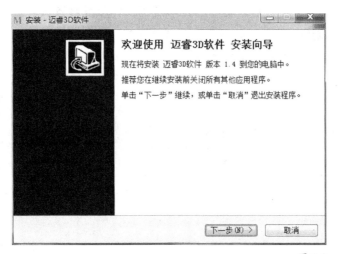，出现 图 3-2 界面，其说明信息会提示安装软件的版本 迈睿3D软件 版本 1.4：

图 3-2

（2）点击"下一步"，进行插件安装目录选择，建议使用默认目录，界面如图 3-3。

注意：安装过程中请按照默认设置安装，直接"下一步"即可，不要随意修改盘符。

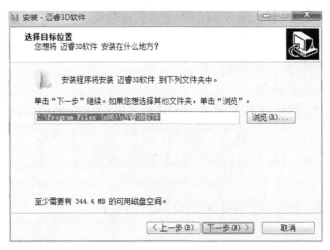

图 3-3

（3）建议一直默认选择"下一步"，不必进行其他选择操作，直至出现图 3-4，选择"安装"。

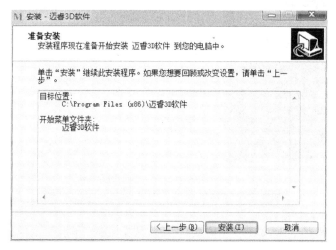

图 3-4

软件安装过程中会出现如下图 3-5 所示的进度提示。

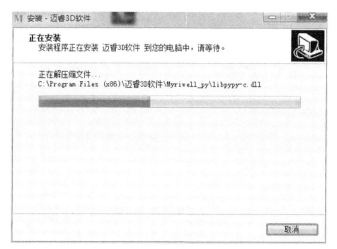

图 3-5

（4）软件安装完成后出现如下图 3-6 提示界面。

选择"完成"以结束安装过程并打开迈睿 3D 打印软件。

2. 安装驱动

（1）选择驱动安装文件夹 📁 p12303 驱动 。

（2）进入文件夹后，双击 🖱 PL2303_Prolific_DriverInstaller_v1.8.0.exe 进行驱动的安装。

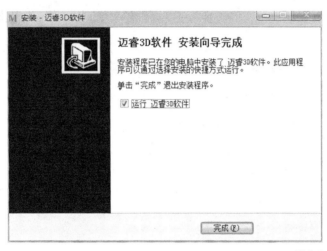

图 3-6

（3）驱动安装完毕后，通过 USB 线连接机器及电脑，在机器上电的情况下，查看电脑的设备管理器，在端口一栏（⊟ 🖉 端口 (COM 和 LPT)）中将新增设备端口号（可通过反复拔插 USB 线，检测有无 COM 口的增减，对应的 COM 口就是机器的端口号）。

3. 软件功能说明

注：在使用该软件进行联机打印、固件更新操作前需要确保电脑已经成功安装了上述的驱动软件。

（1）在软件安装完毕后，点击 图标即可运行软件，出现软件主界面，如图 **3-7** 所示。

备注 1：打印机兼容开源软件 ReplicatorG37，并可通过该版本软件实现在线打印，或者使用该软件所生成的 G 代码拷贝到 SD 卡中进行脱机打印；同时也支持最新版本的 ReplicatorG-0040 所生成的 G 代码在 SD 卡打印（但不支持该版本的在线打印）。

注意：如果选用以上软件，需要在软件的 Machine 菜单下 Machine Type 选择 teacup（112500）；公司固件通信波特率与该固件一样。

固件升级必须使用 Myriwell 软件，否则不会出现生成加工文件的如下进度条，如图 3-8 所示。

软件版本号

菜单栏

工具条

文件名

模型调整模块

视窗

视角调整模块

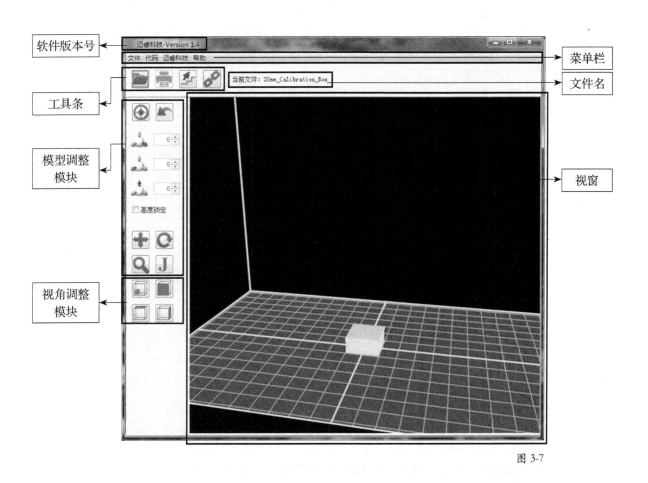

图 3-7

图 3-8

备注2：请注意软件上方的软件版本号  迈睿科技-Version 1.4 ，不同版本的软件在功能及使用上会存在一定的差异性，针对不同版本的软件操作说明，官网上会进行发布。以下关于软件的介绍均为基本操作介绍。

（2）选择菜单栏中的"文件"菜单将出现如图3-9所示的下拉菜单。

"打开"操作用于导入STL文件，"保存"操作用于将当前STL文件保存在当前目录下，"最近文件"列出近期导入软件的STL文件，"小试身手（模型例子）"列出软件自带的样例STL文件，"恢复默认打印机设置"将清除软件中的所有操作记录并退出软件，"退出"用于退出软件。

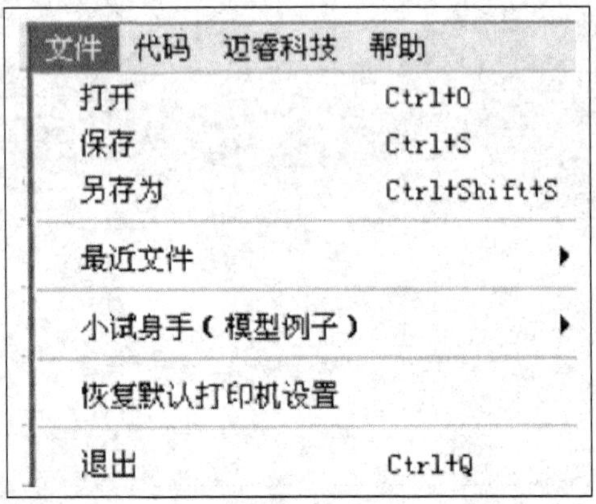

文件	代码	迈睿科技	帮助
打开			Ctrl+O
保存			Ctrl+S
另存为			Ctrl+Shift+S
最近文件			▶
小试身手（模型例子）			▶
恢复默认打印机设置			
退出			Ctrl+Q

图 3-9

（3）选择菜单栏中的"代码"菜单将出现如图3-10所示的下拉菜单。

"生成加工代码"用于将当前STL文件生成GCODE文件，"打印文件"用于在GCODE生成后进行连接打印机打印，"暂停"以及"停止"用于控制打印过程。

代码	迈睿科技	帮助
生成加工代码	Ctrl+Shift+G	
打印文件	Ctrl+B	
暂停	Ctrl+E	
停止	Ctrl+Period	

图 3-10

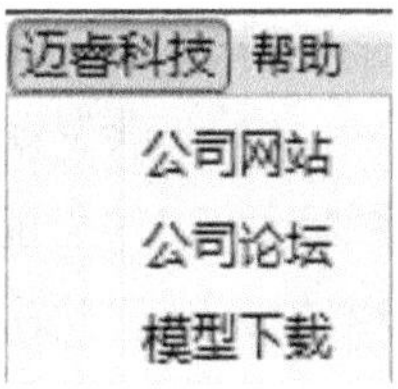

（4）选择菜单栏中的"迈睿科技"将出现如图 3-11 所示的下拉菜单。

选择相关栏目将登录到产品及相关 3D 打印资讯网站。

（5）选择菜单栏中的"帮助"将出现如图 3-12 所示的下拉菜单。

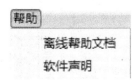

图 3-11

图 3-12

选择"离线帮助文档"可阅览软件及机器的操作说明文档，选择"软件声明"了解软件的相关声明。

（6）工具条上的 图标用于导入 STL 文件， 图标用于启动联机打印， 图标用于更新固件， 图标用于选择连接机器。

（7）工具条旁的 当前文件:20mm_Calibration_Box 显示出当前 STL 文件名。

（8）模型调整模块中的 图标用于将视窗中的图形至于中心， 用于撤销针对模型的调整。

（9）选择模型调整模块中的 图标用于在视窗中移动模型，图 3-13 中的三个图标用于在 X、Y、Z 三个方向移动模型，同时可通过在视窗中左击拖拽鼠标移动模型。若选择 □ 高度锁定 ，则在移动过程中将固定 Z 轴高度。

（10）模型处理模块中的 图标用于旋转模型，图 3-14 中的 X、Y、Z 三个图标分别用于沿 X、Y、Z 三个轴以 ±90°旋转模型。 图标用于将模型平放。同时，可通过在视窗中左击拖拽鼠标以任意角度旋转模型。若选择 □ 以Z轴旋转 ，则在拖拽旋转过程中将固定绕 Z 轴旋转。

（11）模型处理模块中的 图标用于缩放模型，选择后将出现如图 3-15 所示的界面。

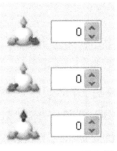

旋转模型

模型缩放(Zoom)

Scale 1

图 3-13　　　　　　图 3-14　　　　　　图 3-15

上图中的 用于放大模型， 用于缩小模型， 用于将模型充满整个视窗区域， 用于将模型按照 Scale 0.65 中的系数进行缩放。

（12）视角调整模块用于从不同的视觉角度观看视窗中的模型。

（13）模型处理模块中的 $\boxed{J}$ 图标用于将当前 STL 文件生成机器可执行文件,点击该图标后,软件可能会根据实际模型弹出相应的说明性对话框,请按照实际要求进行选择。继续操作后,将出现如图 3-16 所示的对话框。

选择"是",则软件将按照默认参数设置将模型转换成机器可执行文件,并弹出如图 3-17 所示的转换进度提示,选择"否",则进入如图 3-18 所示的参数设置对话框。

图 3-16

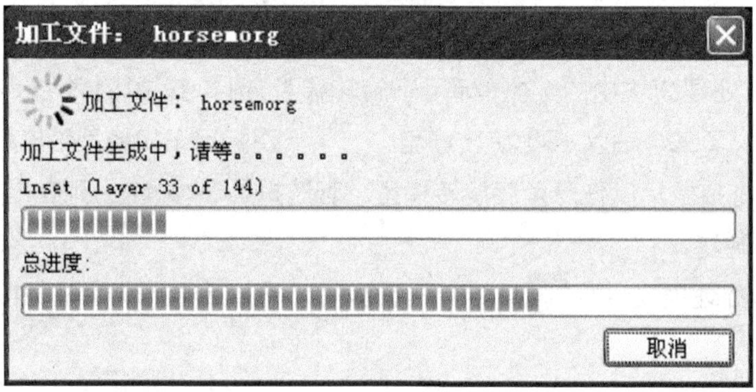

图 3-17

（14）图 3-17 所示为模型转换成机器可执行文件进度提示,通过"取消"选择,可停止当前转换。

该过程视不同文件大小需要不同长度时间,待转换完毕后,弹出如图 3-19 所示对话框,若已经连接机器,则可选择"在线打印"开始该模型的 3D 打印;选择"SD 模式"则将生成的可执行文件保存于用户指定的目录下;选择"返回",则生成的可执行文件与当前 STL 文件保存在同一目录中,不执行打印操作。

（15）图 3-18 所示为模型转换成可执行文件参数设置对话框。

点击"生成代码"将按照配置的参数生成对应的可执行文件。

各参数简介：

① ☑使用 底部支撑 用于选择打印中是否使用底部支撑层。

② 使用支撑 None ▾ "使用支撑"共有三种方式："None"不选用任何支撑，"Exterior support"选用外部支撑（模型内部无支撑），"Full support"选用全支撑模式。

③ 填充率 (%) 10 用于设置打印器件的内部填充率。

④ 层高设置 (mm) 0.27 用于设置打印的层厚，该参数的设置对打印的质量影响较大。

⑤ 壁厚: 1 用于设置打印器件的外壁层数。

⑥ 打印速度 低速 ▾ 共计三种模式，"低速""普通""快速"，影响打印的速度。

⑦ 喷头设置 中的 喷头直径(mm) 4 同层厚设置配套，影响打印的精度。

⑧ 打印丝设置 中的 打印机丝直径(mm) 1.82 根据具体的材料直径而设置。

（16）固件的更新操作。

① 通过 USB 线连接电脑以及机器。

② 选择工具条栏中的连接按钮，直至机器连接成功。

③ 选择工具条栏中的固件更新按钮；此时软件会提醒"机器已连接,若需要更新固件,请首先断开连接"的内容,选择确定,并点击断开连接。然后再次点击。

④ 在弹出的界面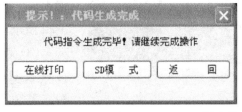中点击"Updata",待进度完成后即完成了固件的更新操作。

⑤ 更新完毕后,待机器重启复位后可退出固件更新程序并断开 USB 线连接。

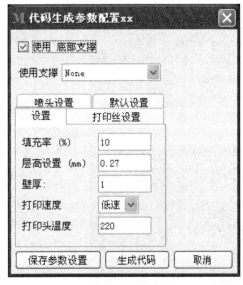

图 3-18

图 3-19

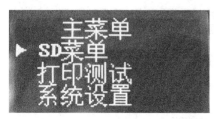

图 3-20

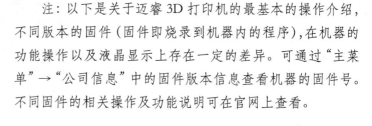

图 3-21

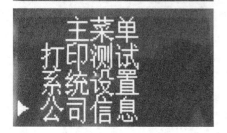

图 3-22

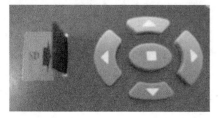

图 3-23

注：以下是关于迈睿 3D 打印机的最基本的操作介绍，不同版本的固件（固件即烧录到机器内的程序），在机器的功能操作以及液晶显示上存在一定的差异。可通过"主菜单"→"公司信息"中的固件版本信息查看机器的固件号。不同固件的相关操作及功能说明可在官网上查看。

（三）液晶显示

1. 主界面

打印机上电后，主界面显示如图 3-20 所示。

2. 准备界面

（1）系统上电后，LCD 液晶屏主菜单显示四个模块：SD 菜单、打印测试、系统设置以及公司信息，如图 3-21 所示。

（2）五个按键的功能：上下键用于上下选择操作，左右键用于上下翻页操作，中间键用于确认选择操作，按键如图 3-22 所示。

（3）若机器中已插入 SD 卡，选择"SD 菜单"将刷新显示出 SD 卡根目录中所有的 Gcode 文件；SD 卡插入机器如图 3-23，选择"SD 菜单"进入 SD 卡根目录显示文件如图 3-24。Gcode 文件将以 .G 的形式显示。

（4）在 SD 菜单中选择任一 Gcode 格式的文件名将启动 SD 打印模式，如图 3-25 所示为 SD 打印模式下的显示。

（5）在 SD 卡打印过程中，按中间确认键，LCD 屏会显示"取消打印"相关选择项，确认选择后将取消本次打印。取消打印如图 3-26 所示，选择"是"后，等待片刻，打印取消，显示画面如图 3-27 所示。

（6）在主菜单中选择"打印测试"后进入"打印测试"菜单，如图 3-28 所示。

选择"开始"后将进行测试打印，测试打印图形为几道直线，测试打印过程无法取消，打印测试过程中的界面显示如图 3-29 所示。

打印测试完成时，会显示打印完成，液晶显示如图 3-30 所示。

图 3-24

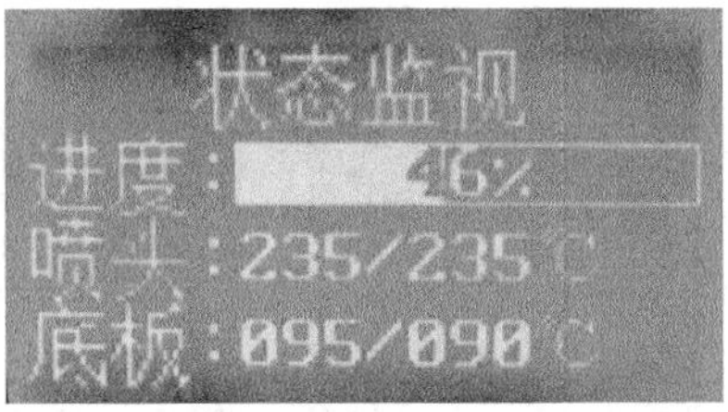

图 3-25

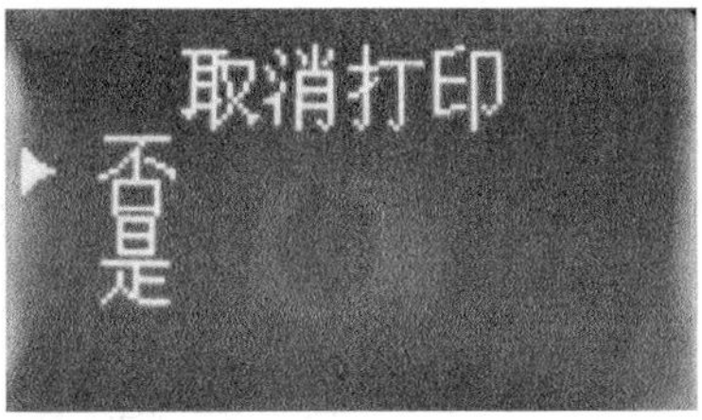

图 3-26

图 3-27

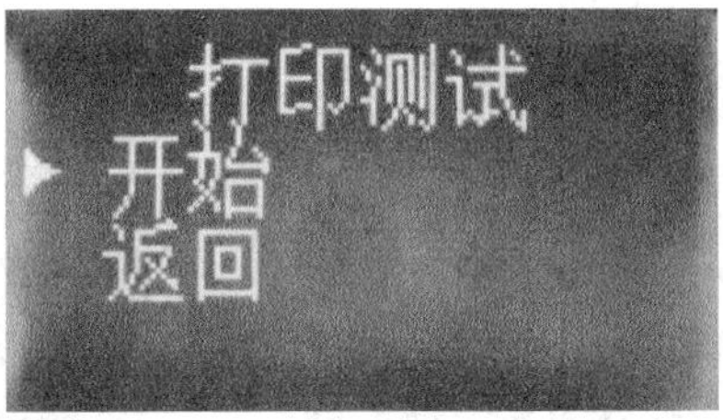

图 3-28

图 3-29

图 3-30

图 3-31

如图 3-31 所示,打印测试完成后,系统将自动归位,LCD 屏返回主界面。

（7）在主菜单中选择"公司信息",将显示产品及公司相关资讯,按中间的确认键将返回至主界面。

（8）在主菜单中选择"系统设置"进入系统设置菜单,系统设置菜单中显示六个模块：材料装卸、平台校准、英文（或者 Chinese）、喷头温度、底板温度以及返回,其中返回用于返回至主菜单。

（9）选择"材料装卸"进入材料装卸操作界面,本界面共有三个选择模块"装载""卸载"以及"返回"。如图 3-32 所示,选择"装载"操作后,系统开始给喷头及底板供热。

加热时液晶显示如图 3-33 所示。

当喷头温度升至目标温度后,液晶会提示装丝,如图 3-34 所示。此时挤丝机正转,进行装丝操作（此时应确保 ABS 材料接触到挤丝机）。

如图 3-35 所示,将 ABS 材料塞进喷头。电机会把 ABS 材料带进喷头。

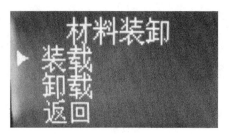

图 3-32

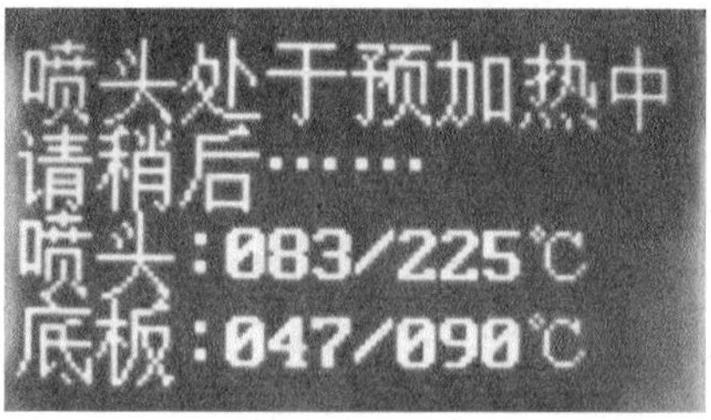

图 3-33

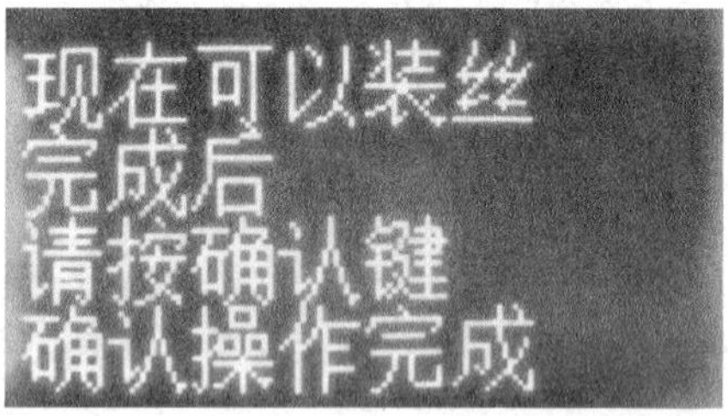

图 3-34

图 3-35

等待 1 分钟左右,喷头下会吐出一条细丝下来,如图 3-36 所示。这时表示 ABS 材料已经装好。

选择"卸载"操作后,当喷头升至目标温度后,液晶会提示卸丝,如图 3-37 所示。此时挤丝机反转,进行退丝操作。当装丝以及退丝操作完成后,按中间确认键,系统返回至系统设置菜单。

在装丝、卸丝加热过程中,有时因为误操作或其他原因,在没有达到目标温度时就想取消加热,可以直接按当中的确认键(如图 3-38 所示)选择'是'来取消装、卸材料,退回系统设置菜单。

(10)选择"平台校准"进入加热底板平台调整工作状态。平台校准功能主要是通过旋转加热底板四周角底部的旋转螺丝来调整底板与喷头间的间距,从而达到较好的打印效果。平台校准界面有三个选项:下一步、上一步以及返回。选择"下一步"喷头将移

图 3-36

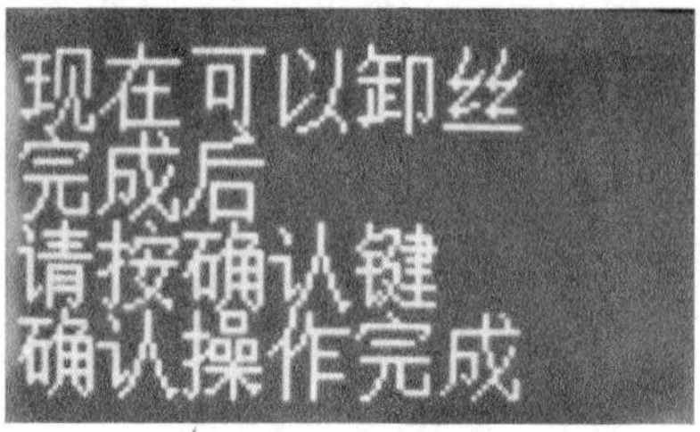

图 3-37

图 3-38

动至下一处调节点；"上一步"则返回至上一调节点；选择"返回"后，默认平台校准完成，系统复位。每一边都调节的程度如下图 3-39 所示。

注意：在机器初次打印前，一定要进行平台校准！

(11) 若系统为英文环境，则在选择"汉语"后，系统将自动切换至中文环境。若系统为中文环境，则在选择"English"后，系统将自动切换至英文环境。 语言项的切换，具有保存功能，如下图 3-40 及 3-41 所示。

(12) 选择"喷头温度"或者"底板温度"将用于设置喷头或者底板的目标温度，通过上下键或者左右键进行数值的修改。设置完成后，温度目标值将被系统保存，直至下次重新设置。由于不同 ABS 材质对应的目标温度值有所差异，在使用新的材质时，可按照实际效果对喷头目标温度进行适当的调整。如图 3-42 是对喷头温度的调整。

图 3-39

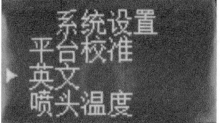
图 3-40

图 3-41

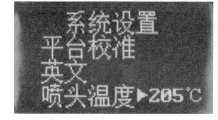

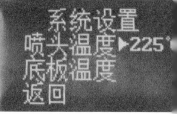
图 3-42

二、测试打印

(一) 准备打印

1. 平台校准

为了保证打印的安全性以及打印产品的精度，在初次打印前必须进行打印平台的校准，在校准平台时必须装上环氧板。具体操作方法参考"3-21 准备界面"中的"(10)"。

2. 装 ABS 材料

装丝可分为两步操作,第一步是将 ABS 材料经过送丝套管送至挤丝机内,第二步是加热喷头直至 ABS 材料经喷头挤出。 第二步具体操作方法参考"3-21 准备界面"中的(9)。

3. 打印测试

在平台校准及装丝工作完成后,可通过打印测试检测机器各机械部件是否能够正常工作,具体操作方法参考"3-21 准备界面"中的(6)。

(二)打印模式

迈睿 3D 打印机共有两种工作模式: 联机打印和通过 SD 卡打印。

1. 联机打印

(1)点击快捷方式  以启动本软件。

(2)点击工具条中的 图标,连接机器,将出现如图 3-43 提示框。

当机器连接成功后,将出现如图 3-44 提示。

点击"确定"后,标题栏变为 已连接 - 迈睿科技 显示机器已连接成功。

图 3-43

图 3-44

(3)连接成功后,工具条中的 图标将高亮显示为 。

(4)点击工具条中的 图标,选择相应的 STL 文件导入软件中。

(5)待模型出现在视窗后,通过模型处理模块中的 "移动"、 "旋转"、 "缩放" 操作,将模型调整至合理的尺寸、位置以及角度,可通过视角调整模块从不同的视觉角度查看视窗中的模型。

（6）模型调整完毕后，建议选择"文件"菜单下的"保存"进行模型的保存。然后选择 $\boxed{J}$ 图标，生成可执行文件。该过程可以使用默认参数或者选择配置相关参数。

（7）代码生成完毕后，若已经连接机器，则选择 $\boxed{在线打印}$ 通过串口启动打印，在 windows 操作窗口的底部工具条上将出现 $\boxed{File}$ 图标，此时需等待片刻。

（8）等待软件处理完毕后，软件将出现如下所示的悬浮窗口：$\boxed{打印中}$，同时机器显示屏将显示联机打印中的状态。在打印的过程中，点击 $\blacksquare$ 将取消打印。

注意：选择联机打印情况下，在机器未开始挤丝打印前无法选择取消打印。

（9）待打印完成后，软件将出现提示界面并告知整个打印耗时。

2. 使用 SD 卡进行脱机打印

（1）执行"联机打印"模式的（1）至（4）步骤。

（2）待可执行文件生成完毕后，选择 $\boxed{SD模\quad式}$，出现如下图 3-45 所示界面。

图 3-45

例如，在本例程中选择 SD (G:)则可将可执行文件保存到 SD 卡中，注：此版迈睿立体打印机 SD 卡驱动只支持 FAT32 文件系统，可通过格式化操作将 SD 卡设置为 FAT32 文件系统。

（3）待可执行文件保存至 SD 卡中后，即可将 SD 卡插入机器中，通过选择 SD 打印进行脱机打印。

提示:使用 3D 打印机成功打印的关键之一就是打印平台的预热。如果温度设置得太低,可能导致打印模型与打印平台(Printing Bed)之间的黏附力不够,打印模型的底部边缘会发生翘起变形。防止此现象发生的最好处理办法是:打印平台要充分预热,即打印软件显示其打印平台温度达到设定温度(ABS:110℃,PLA:60℃)时才开始打印。

⚠ 打印模型的步骤与打印测试模型一样。

完成打印后,将打印平台清理干净,以免对下次打印产生影响。有些难以去除的部分,可以用工具箱里的刮刀去除。打印平台为加热平台,因此,勿将手接触平台,以免被烫伤。

(三)取模型

当模型完成打印后,打印机会发出蜂鸣声,喷头及底板会回到最低零位并停止加热,系统复位至初始状态:

(1)从 RL200A 上的打印平台上取出打印底板(即下图 3-46 的带规则网点的 PCB 板),手拿铲刀,将铲刀的刀口放在模型与平台之间,用力慢慢地铲动,来回撬松模型。切记底板及平台虽已停止加热,但短时间内还有比较高的温度,谨防烫伤。

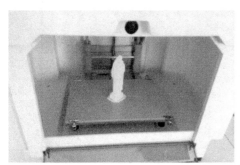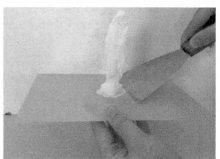

图 3-46

(2)如打印的模型有支撑(Support)部分,支撑部分的去除可采用附件中的各种工具来小心操作。

开固定夹子,取出底面 PCB 板,如图 3-47。

注:图 3-46 的两张照片是停机 10 分钟后拍的,此时平台已近室温。

提示:当模型处于温热的状态下更容易从打印底板上拆除。

图 3-47

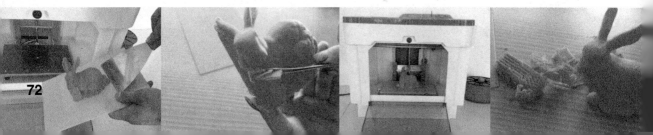

请注意：在打印平台未从 RL200A 上取下时，强烈建议您不要移除模型。如果底板和打印机相连，当用力拆除模型时，可能会损坏打印机结构而影响其精度。

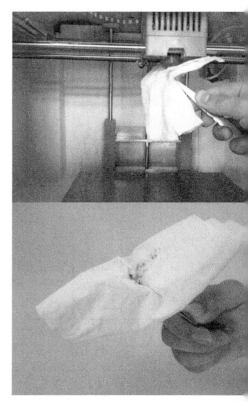

第二节　3D 打印机维修方法

本节主要是对 3D 打印机的维护和故障排除做一个简要的说明。

一、维护

RL200A3D 打印机不需要特别维护，但是需要定期给光轴和丝杆上润滑油以防止运动部件过早老化。

下面所列出的事项是 RL200A 使用过程中应该注意和维护的地方。

（一）清洁打印头

在 3D 打印过程中，耗材中的部分元素、灰尘颗粒都可能在打印头周围聚积。随着时间的推移，这些积聚物质将会导致打印质量问题。如丝材积瘤等，您每次打印前需要观察打印头是否堵塞和清洁。

图 3-48

图 3-49

清洁打印头一般用镊子剔除喷头周围杂质即可，如图 3-48 所示。

若喷头堵塞，则需要取下打印头清理，其步骤如下：

（1）将打印机底板降到最低，并选择"材料装卸"中的装载，等待加热到设定值蜂鸣器响。用手略微施加压力挤出丝来，如图 3-49。

（2）如有 0.3 mm 麻花钻头或是 0.3 mm 直径的针可以在打印头温度达到时疏通打印头。

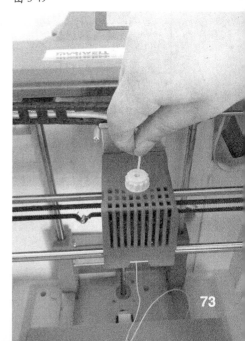

（二）张紧皮带

在使用过程中，如果发现 RL200A 的皮带弯曲下垂或者两侧扁平，则是皮带疏松了。皮带疏松的现象包括掉步、反弹，产生回差，或者打印不到物体内、外壳的表面。

更多张紧皮带的信息，请参阅 http://www.myriwell.com

（三）光轴和丝杆维护

在使用过程中，X、Y 两个轴都是依靠精密导轨和 Z 轴丝杆来确保平稳精密的直线运动。加润滑油后，能减少摩擦力，降低机械运动部件的磨损，因此必须定期保养。

- 经常使用；每月保养一次
- 不常使用；半年保养一次

维护方法：将润滑油均匀地涂覆在丝杆或导轨上，开动设备，对各轴全行程走动数次，使润滑油均匀分布在各轴表面。

二、故障排除

3D 打印过程中易出现的问题和相应的解决办法可参照表 3-1。

表 3–1　3D 打印过程中易出现的问题和相应的解决办法

出现的问题	解决办法
电源指示灯不亮	检查电源是否供电。
计算机无法连接	1. 检查 UBS 接口是否连接正常
	2. 检查 USB 接口及软件的 COM 接口是否对应
	3. 关闭电源再打开电源
	4. 重启电脑
打印平台未能达到指定温度	1. 加热器损坏，更换加热器
	2. 重启打印机
打印头未能达到指定温度	1. 加热器损坏，更换加热器
	2. 更换测温电阻
	3. 重启打印机
打印头堵塞或不出丝	清理打印头，如仍堵塞，更换打印头
打印的模型出现歪斜（扭曲）	皮带松，需张紧皮带
	或者电机与同步带轮链接松脱

续表 3-1

出现的问题	解决办法
打印的基层出现卷曲或不粘平台	检查底板温度是否达到设定温度
软件不能使用	重装软件
开机 LCD 显示 "Fireware Error Updata"	参考固件更新方式,通过上位机软件进行固件更新操作。注:该情形下请勿点击连接图标🔗,机器连接上电后,直接点击固件更新图标📲。通过查看设备管理器中的端口设置,在固件更新插件中手动设置端口号,然后进行固件更新。
无法将打印机连接至电脑	1. 确保 USB 线将打印机和电脑正常连接
	2. 重新插拔 USB 线
	3. 重新启动机器
	4. 重启电脑
机器连接电脑后,拔掉 USB 线,LCD 屏暗掉	在机器不插入 USB 连接线的情况下,重启机器,若一次不成功,可尝试多次
其他故障	与技术支持部门联系

更详细的资料,请登录公司网站 http://www.myriwell.com,查看技术支持和故障排除方法。

为了方便您在下文《迈睿立体打印机常见故障分析与排除》的阅读与理解,我们将机器相关部件的配图放在开始,从图 3-50 至图 3-59。

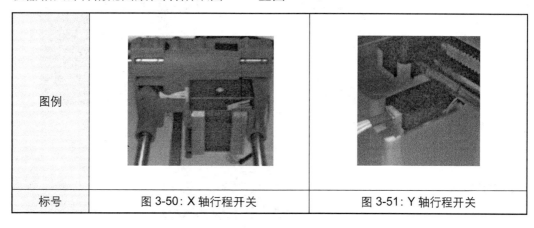

图例		
标号	图 3-50:X 轴行程开关	图 3-51:Y 轴行程开关

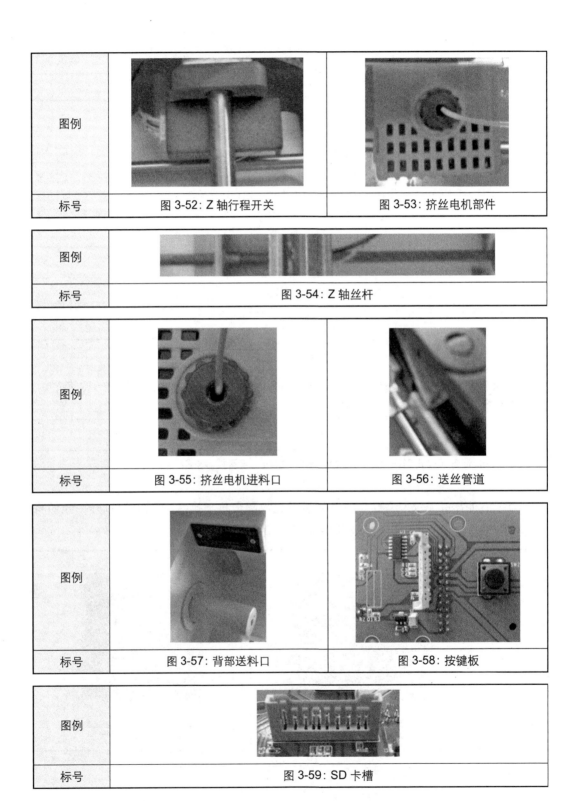

图例		
标号	图 3-52：Z 轴行程开关	图 3-53：挤丝电机部件
图例		
标号	图 3-54：Z 轴丝杆	
图例		
标号	图 3-55：挤丝电机进料口	图 3-56：送丝管道
图例		
标号	图 3-57：背部送料口	图 3-58：按键板
图例		
标号	图 3-59：SD 卡槽	

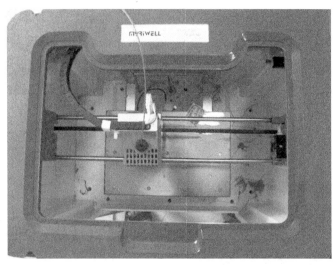

图 3-60

（一）迈睿立体打印机常见故障分析与排除

1. 机器运动与控制

问题 1：机器上电运动后，电机非正常工作，出现类似于：电机持续抖动、机器运动部件发生持续的碰撞。

问题分析：出现上述现象，主要有两个原因：一是电机由于接线松动或电机自身损坏无法正常工作，二是行程开关（见图 3-50）存在问题。据统计，绝大多数的原因在于行程开关存在问题。

问题排除：

（1）查看行程开关是否正常。

① 首先检查 X、Y、Z 三个行程开关外观上有无损坏，每个行程开关外部均带一个小弹片。

② 机器上电，不需要选择操作。用手分别按压 X、Y、Z 行程开关弹片，按下去后，对应的行程开关红色 LED 灯会亮，松开后，灯灭。

如若行程开关上述检查正常，机器工作时仍然存在电机持续抖动现象，则可查看电机是否正常，请务必按照上述 A、B 项仔细检查三个行程开关是否正常，因为按照我们的统计，绝大多数均是因为行程开关存在问题导致。

（2）查看电机是否正常（该方法只适用于 1.2 及以上版本的固件）。

选择"主菜单""运动调试"下的"水平控制"以及"竖直控制"，单独检测 X、Y、Z 轴电机的运动状况。若在按下相关方向的按键后，电机未能朝指定的方向正常运动，则说明对应轴的电机运动存在故障。

问题 2：机器无法读取 SD 卡，读取过程中出现机器复位 (LCD 屏闪烁)。

问题分析：SD 卡无法读取，原因主要有两个。一是：机器不支持该 SD 卡，当前，1.1 版本固件只支持 2G 卡、1.2 及以上版本支持 4G、8G 卡，且 SD 卡文件系统应为 FAT32。二是：机器上壳按键板 (见图 3-58) 上的 SD 卡槽 (见图 3-59) 损坏。

问题排除：

(1) 首先通过选择 SD 卡的属性查看您使用的 SD 卡是否是 2G (4G、8G) SD 卡，且文件系统为 FAT32。SD 卡的文件系统可通过 SD 卡的格式化过程进行设置。

(2) 若 SD 卡符合要求，则可拆开机器上壳，取下按键板，查看 SD 卡槽是否有金属引脚折弯、断裂。

(3) 由于当前市面上存在大量的山寨 SD 卡，若您在上述两项检查中均未能发现问题，建议您更换其他符合要求的 SD 卡。

(4) SD 卡读取很慢，有可能是因为卡中文件太多 (同样占 1G 空间，一个文件占用 1G 和 1 024 个 1M 文件占用 1G 空间读取速度是不一样的)，或者是 gcode 文件名字太长。

(5) z 关于文件名个数的说明，gcode 文件的格式是：xxxxxxxx.gcode，当前机器支持的文件名最多字符数为 32 位 (包含 .gcode 这 6 个字符)，一旦文件名超过了 32 位，则有可能出现无法读取 SD 卡的状况。此时建议您先格式化该 SD 卡，然后将相关文件名缩短，再拷贝到 SD 卡中。

问题 3：机器打印工作过程中，无丝材挤出。

问题分析：丝材是通过送丝管道 (见图 3-56) 送至挤丝电机上方的进料口 (见图 3-55)，在打印过程中，通过挤丝电机的拖动，经加热喷头挤压出来。这一环节中的任意步骤，出现异常，均能导致吐丝异常。

问题排除：

(1) 首先确保丝材能够顺利通过送丝管道，可用手在送丝电机上方的进料口轻微拉动丝材，若感受到很大的阻力，则有可能是丝材由于打结堵在送丝管道中了。可将丝材取出，理顺后重新送入管道中。

(2) 在装丝的过程中，用手工将丝材送进送丝电机中，直至丝材挤压到送丝电机的齿轮。

(3) 若丝材能够顺利的通过送丝管道，且丝材已经挤压到送丝电机的齿轮，在温度达到要求后，仍然无法挤出丝，且送丝电机发出堵转声，则可能是送丝电机下方的进料口有异物堵住,需拆下散热风扇以及挤丝电机查看。拆卸过程务必断电。若在温度达到要求后,感觉不到挤丝电机向下拖动丝材,则有可能是挤丝电机异常。

2. 固件更新

问题 1:屏幕上方显示"Firmware Error"。

问题分析:该故障主要是由于在机器工作过程中突然地关闭电源所导致,当然不排除其他情况下开关电源的影响。故障可通过固件更新解决。

解决办法:见《解决 Firmware Error 故障的方法》

问题 2:在固件更新的过程中提示"握手失败"。

解决办法:保持上位机的固件更新窗口,只需重新拔插 USB 连接线,待机器成功复位后,再次选择"更新"。 如果尝试数次后,仍然提示"握手失败",建议您更换另外一台电脑进行打印工作。

问题 3:固件更新的过程中,始终提示"连接失败",且在电脑的"设备管理器"中能够查看到机器对应的端口号。

解决办法:该现象主要是由于软件设备搜索的冲突导致,当前软件版本下,建议您更换另外一台电脑进行打印工作。

问题 4:固件更新完成后,还提示更新错误,无法正常更新。

解决办法:关闭软件。将 C 盘根目录下的 MyRiwell 文件夹删除,再打开软件重新升级。

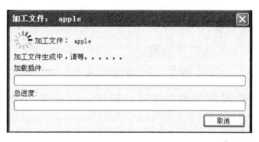

图 3-61

3. 上位机软件使用中的问题

问题 1:安装完上位机软件后,第一次使用软件生成打印模型时,选择生成加工文件后,一直停留在一个画面上,如图 3-61。

问题分析:该问题是由于软件第一次使用时未能正确找到默认的切割插件。

解决办法:若出现该问题,则在生成加工文件的对话框(如图 3-62)中选择

图 3-62

"否",进入参数配置对话框,如图 3-63 选择"加载参数"并选择"恢复默认参数",然后点击"保存参数设置"。点击"生成代码"后即可生成加工文件,出现如图 3-64 所示的进度显示框图,该过程只需在第一次使用本软件时进行操作。

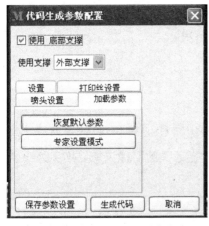

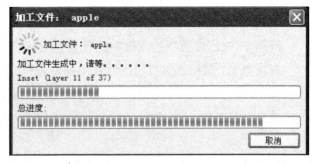

图 3-63   图 3-64

4. 软件无法正常使用问题

问题 1: 安装好 MyRiwell 上位机软件以后,双击快捷方式却无法打开软件并提示"0x????????" 指令引用的 "0x????????" 内存,该内存不能为"Written"的情况。

解决方法:

(1) 不排除内存条出问题的可能,长期使用导致金手指积灰的状况,这时建议清理或更换。

(2) 软件问题。

① 检查系统中是否有木马或病毒。这类程序为了控制系统往往不负责任地修改系统,从而导致操作系统异常。平常应加强信息安全意识,对来源不明的可执行程序绝不好奇。

② 更新操作系统,可以使用系统辅助软件,如 360 卫士,金山卫士等软件进行系统升级和修复。有时候操作系统本身也会有 BUG,要注意安装官方发行的升级程序。(过老版本的系统通常会导致该类问题的发生)。

③ 重新安装系统,找最新版本的系统进行系统还原,并按正确步骤安装软件即可正常使用。

问题 2：正常安装好 MyRiwell 上位机软件后，双击快捷方式，任务栏有显示，却无操作窗口弹出。

解决方法：这种情况一般是系统资源不够，可以换一台机器，或者将占资源的东西卸载一些。比如，做设计的客户电脑中一般都会装载许多字体等素材，卸载一些字体就可以了。

问题 3：系统运行正常，上位机软件安装正常，却依旧无法正常使用，提示文件丢失的情况。

解决方法：遇到这种情况的请仔细核对默认安装路径与现实中文件位置是否对应。比如，装在 C 盘根目录下的 Python27 这个文件夹，可能会误装到 C 盘根目录下的 Program Files 中去，这时就无法根据默认路径找到需要执行的文件。

问题 4：系统提示，如图 3-65。

解决办法：重新安装 python27，下载版本 python2.7.5。安装注意：一定要安装在 C 盘根目录下面。安装好后最好到 C 盘下去看一下是否有  文件夹。

图 3-65

（二）解决 Firmware Error 故障的方法

Firmware Error 故障主要是由于在机器工作过程中突然地关闭电源所导致，当然不排除其他情况下开关电源的影响。该故障的现象为：

① LCD 屏显示 "Firmware Error"，机器无法进行任何正常工作。

② 无法通过 USB 线连接至电脑。

解决该故障的步骤如下：

（1）您要确保您的电脑已经成功安装了我们的驱动程序以及上位机程序。

（2）运行 MyRiwell 上位机软件，选择 进行固件更新，将出现如下界面图，如图 3-66 所示。

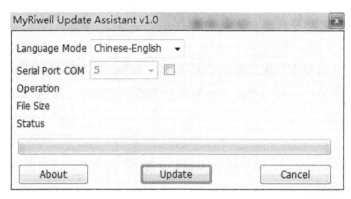

图 3-66

英文上位机软件首先在"Language Mode"中选择您所需要的固件版本,当前存在两种:中英文固件以及德法文固件。中文上位机软件无该项选择。

(3) 打开机器,通过 USB 线连接机器与电脑,查看电脑的设备管理器中新增端口号 COMn (n 根据不同的端口,值不同)。查看端口号的具体方法为。

① 点击电脑"开始"按钮,选择"控制面板",在控制面板中选择"设备管理器",出现如下界面,如图 3-67。

图 3-67

② 在上述"设备管理器"窗口中选择"端口"即： 端口 (COM 和 LPT) 即可查看到新增的机器端口号，如本例程中为 COM1。

注意：如果未能成功安装驱动程序，将无法查看到机器端口号。

（4）在图 3-66 所示的固件更新插件中设置机器端口号。步骤为：

① 勾选 Serial Port COM ⌊ 1 ▾⌋ □ 右侧的复选框 □ ，从而打开端口手动设置功能。

② 通过 Serial Port COM ⌊I ▾⌋ ☑ 中的下拉框选择机器的端口号，如本例程中为 COM1。

（5）在选择了固件版本（中文软件无）以及设置好机器对应的端口号后即可点击 ⌊ Update ⌋ 进行固件的更新。

（6）如果点击更新后，出现"握手失败"，只需重新拔插 USB 线，再次选择 ⌊ Update ⌋ 即可完成更新；

（7）一旦机器成功进行固件更新后，即可解决"Firmware Error"故障。

（8）如果能够搜索到机器对应的端口号，在参照上述说明多次尝试后，仍然未能成功更新固件程序。建议您更换一台电脑操作。

第三节 3D 打印机的常见问题

以杭州先临科技股份有限公司 3D 打印产品为例。

一、开机部分

1. 按了右侧电源开机键机器没反应怎么办？

正常开机 3 秒后打印机才会亮起待机灯光，如果打开电源无反应，请观察电源插头是否正常插入。待机灯光亮了然后长按 OK 键 3 秒显示屏"Welcome"亮起开机，如图 3-68 所示。

图 3-68

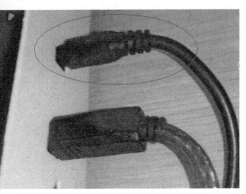

图 3-69

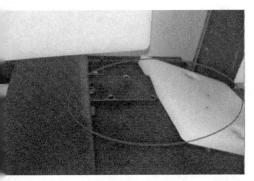

图 3-70

图 3-71

图 3-72

2.连接电源后,电源适配器上的绿色指示灯一直不亮怎么办?

电源适配器上的灯光一直不亮的可能:

(1)电源没插电。

(2)电源已损坏。

(3)在确认通电正常,指示灯还不亮:无电压输出。

3.只要一移动机器就断电怎么办?

电源接头没插牢固,重新插牢即可,如图 3-69。

4.长按 OK 键 LCD 屏没反应或者出现乱码、雪花怎么办?

显示屏受到电子干扰,是显示屏显示错误偶尔发生的正常现象,重新关掉电源开关,重启 3D 打印机即可。

5.按了上下左右键 OK 键,没反应怎么办?

首先,观察打印机是否处于待机状态,如果处于待机状态,就重新插拔按键板接口。如果风扇会转,则代表打印机不是处于待机状态,那么需要重新下载打印机固件。

6.平台胶水涂多少合适? 每次打印前都要涂胶水吗?

平台胶水涂薄薄一层铺平合适,且不是每次打印前都需要涂,只需确保能粘稳平台即可。

7.打印平台固定件脱落了怎么办?

按照图 3-70 ~ 图 3-72 所示,重新安装打印平台固定件。

8.开机后喷头模块"进丝"后听到"吭吭吭"的声音怎么办?

(1)拧掉快插接头,取下喷头保护罩壳,如图 3-73。

(2)拆卸风扇螺丝,如图 3-74。

(3)使用内六角扳手(如图 3-75)卸下散热片两个螺丝,然后可以看到进丝齿轮和打印丝,如图 3-76、图 3-77。

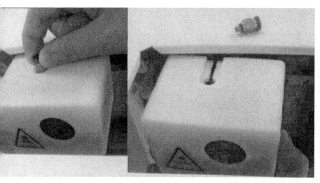

图 3-73

图 3-74

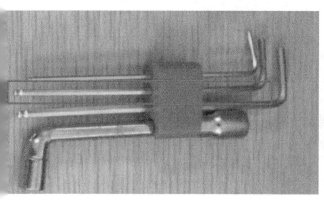

图 3-75

图 3-76　　图 3-77

（4）开机选择"进丝"，加热到 195 度，然后使用尖嘴钳将堵进丝口的残丝取出，再用一段打印丝推下喷嘴将喷嘴通畅并取出，如图 3-78。

（5）然后将 3D 打印机关机，等喷嘴冷却后将散热片以及风扇安装好，如图 3-79。

（6）再次"进丝"能够正常打印，如图 3-80。

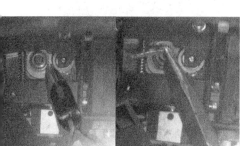

图 3-78

图 3-79

图 3-80

9. 打开机器听到风扇传出了异常声音怎么办？

首先了解打印机的风扇有两个，如图 3-81、图 3-82 所示，观察打印机，找出发出异响的风扇，然后观察风扇扇叶有无阻挡转动的物质，或者风扇扇叶有无断裂。如有异物，只需清理即可正常工作，如果是扇叶损坏，则需要更换新风扇。

图 3-81　　　　　　　　　　　　　　　图 3-82

10. 把丝插入后，齿轮没有咬合，一拔就拔出来了怎么办？

在"进丝"的过程中（如图 3-83），进丝齿轮没有压住打印丝会导致打印丝进不去。遇到这种状况需要将进丝口后面的螺丝拧松，这样可以增加进丝的力度。

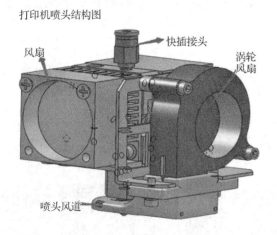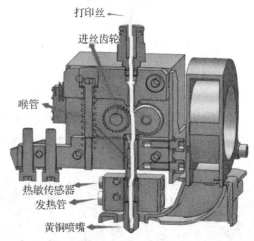

图 3-83

11. 怎么样判断"进丝"顺利没问题？

观察打印机打印的模型基座可以知道"进丝"是否顺利。基座的第一次线条呈均匀压扁的状态则证明"进丝"正常。图 3-84 为打印基座。

图 3-84

12. 选择"进丝"后,机器一直发出"吭吭吭"的声音怎么办?

喷头结构蓝色打印丝进去和被黄色打印丝挡住就会发出"吭吭吭"的声音,按照 8 的方法可以清除,后正常打印"进丝",如图 8-35。

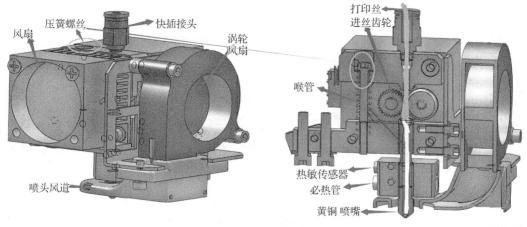

风扇　压簧螺丝　快插接头　涡轮风扇　打印丝进丝齿轮　喉管　热敏传感器　必热管　黄铜 喷嘴　喷头风道

图 3-85

13. 选择"进丝"后不出丝怎么办?

选择"进丝"后,打印机不能马上吐丝,打印机需要预热才能进丝,所以需要:

(1) 选择"进丝"。

(2) 在打印机"进丝"状态(打印机灯光为白光)的时候放入打印丝。

(3) 感觉到有进丝拉力的状态为正常"进丝"。

14. 出丝断断续续不顺畅怎么办?

出丝断断续续说明进丝、吐丝不均匀。

（1）升高打印温度，可以使打印丝溶解更加充分。

（2）通过调松压簧的螺丝增加进丝的力量。

（3）黄铜喷嘴堵了，用尖针清理喷嘴（在进丝加热状态下，用尖针从下往上捅喷嘴的小孔可以转下尖针），使得打印丝正常吐出即清理完成。

（4）如果以上三种方法都不行，则可能是喉管内部的铁佛龙管道发生变形，需要更换铁佛龙管。

15. 出丝一团堵住喷嘴了怎么办？如图 3-86 所示。

这种现象是由于打印平台和喷嘴距离太远，打印丝没能粘到平台上导致的。这种现象只需要将盖子拧开，如图 3-87 所示。然后选择"进丝"（加热到 195 度），就可以将整块用钳子取下来，清理干净将罩壳重新安装好即可，如图 3-88 所示。

图 3-86

16. "进丝"时加热温度上不去怎么办？

进丝温度加不上去时，屏幕显示如图 3-89 状态。屏幕显示状态及相应的故障处理方法可参照表 3-2。

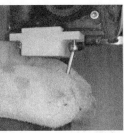

图 3-87

图 3-88

图 3-89

表 3-2　屏幕显示状态及故障处理方法

屏幕显示	故障	处理方法
002/000	温度传感器接触不良	重新插拔温度传感器接头
0**（室温）/205	加热块接触不良	重新插拔加热块接头
170/205	温度上升到 170 就升不上去	① 电源功率不够，查看电源是否是打印机的原配电源 ② 打印机喷头模块的挡风片没有安装，会导致温度无法上升

17. **3D 打印机"进丝"时,发现显示屏显示当前温度超过设定温度并且数值为 300 怎么处理?**

正常"进丝"时,打印机的温度实际值在设定温度以下,如果出现当实际温度超出设定温度 30 度以上,则属于温度传感器故障。

18. **出丝出多少后可以停止进丝?**

选择"进丝"之后,打印机将会维持在设定温度(eg: 205 度),并且一直吐丝 5 分钟。

19. **顺利出丝后怎么返回主界面?**

顺利"进丝"之后,点击左键按钮退出"进丝"界面。

二、打印部分

20. **选择打印模型时,机器显示 SD 卡没有文件怎么办?**

3D 打印机的内存卡必须关机插拔,带电插拔会让打印机选择模型时显示 SD 卡没有文件。

21. **在软件生成路径文件后打印模型按钮仍然为灰色无法选择,机器没有打印反应,怎么办?**

软件联机打印,打印机的序列号必须被注册到电脑上才能控制打印,如果打印按键显示灰色,表明打印机序列号还没注册到电脑上,需要重新注册。注册文件会在对应打印机的内存卡里。如果内存卡丢失只能联系 3D 打印机售后部门。

22. **打印第一层基座时有的地方呈螺丝状怎么办(如图 3-90)?**

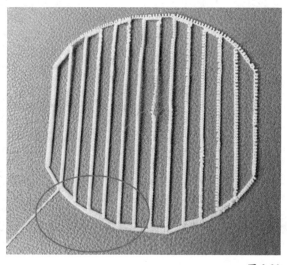

图 3-90

如图 3-90,打印基座有些部分呈卷状,有些地方为扁平的,这说明打印机的平台板不平,因此需要将打印机的平台调节水平。调节平台水平的方法如下:

(1) 将 3D 打印机连接电脑,如图 3-91。

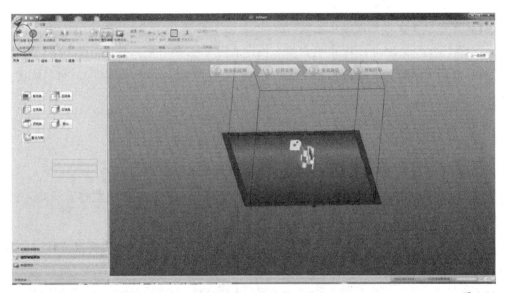

图 3-91

(2) 在设置页面选择水平调节功能,如图 3-92。

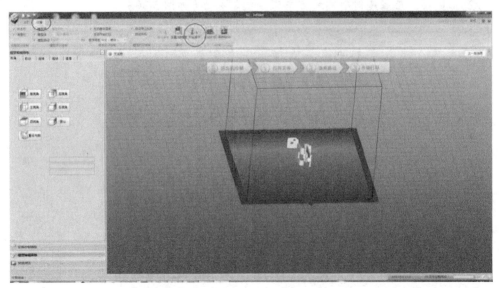

图 3-92

（3）先点击上升至打印高度，目测平台板和喷嘴的距离，设置 Z 轴高度使得喷嘴低于平台板。调节平台水平，先调平台对角的高度相等，再设置 Z 轴高度，使得平台和喷嘴的间距刚好能放入一张 A4 纸（如图 3-93），肉眼观察喷嘴和平台之间的距离刚好为一张 A4 纸高度。

最后经过打印验证，打印出来的基座是压扁的，如图 3-94。

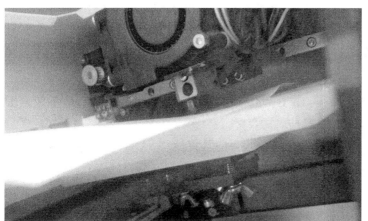

图 3-93　　　　　　　　　　　　　　　　　　　　图 3-94

23. 打印过程中喷嘴和加热块之间有打印丝积累怎么办？

喷嘴和发热块上粘上打印丝是非常常见的现象，这说明喷头模块需要日常维护，喷嘴和发热块每周应擦拭一遍，保持喷嘴和发热块干净。擦拭方法是：将图 3-95 风道拆卸；然后选择"进丝"功能等待进丝温度到达 205 度后用干布擦拭喷嘴和发热块，擦拭，如图 3-96，最后安装上风道即可，如图 3-97。

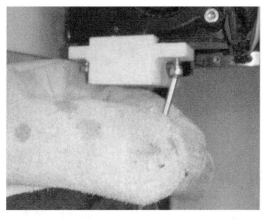

图 3-95　　　　　　　　　　　　　　　　　　　　图 3-96

图 3-97

图 3-98

24. 打印出来的模型一半是好的一半是乱七八糟的丝怎么解决？如图 **3-98**。

打印模型到一半时,模型后面的打印出现凌乱,则表示进丝后面突然不顺畅,或者打印突然撞到物体,失去了打印的原始坐标。

造成这样的原因是:

(1) 喷嘴没有清理干净,喷嘴撞到了杂丝。

(2) 打印丝进丝不顺畅 (打印丝缠绕在一起),导致几层打印丝没有粘在模型上,后面的打印丝将一直无法粘到模型上。

(3) 模型没有加相应的支撑。

(4) 模型的打印温度太低,打印丝溶解不够充分,导致模型支撑薄弱,最后打印失败。

(5) 喷嘴突然堵牢了,导致打印丝后面无法打印出丝。

(6) 打印丝用尽,或者打印丝断掉,也会使模型打印只能完成一半。遇到这类问题只能先找出原因,然后将导致问题发生的难点解决。

25. 打印时,喷嘴堵住不吐丝了怎么办?

喷嘴堵住,可以通过进丝状态判断喷嘴堵的原因。

如果进丝有噔噔噔的声音,属于问题 12,按照问题 12 的方法可以处理好。

如果没有声音,则可能是打印丝已经被齿轮刮出一个坑,这时候需要"进丝",并手动将打印丝向下推。

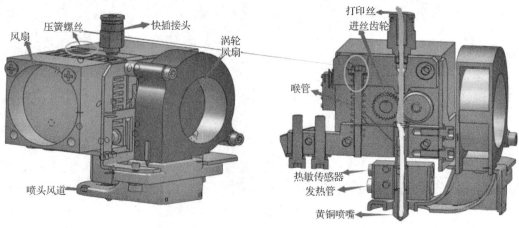

图 3-99

26. 模型有些地方翘起来了怎么办？如图 3-100。

模型基座有些地方翘起来是由于打印平台板没涂上平台胶水,如图 3-101。

27. 为什么打印的模型有一条一条的纹路？怎么解决？如图 3-102。

3D 打印技术就是由一层层的打印材料逐层堆积形成的,所以打印的模型多多少少都会有层纹,打印层的厚度越小,层纹越小。

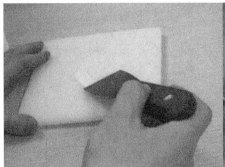
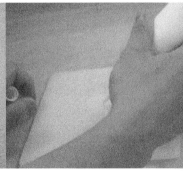

图 3-100　　　　　　　　　　　　　　　　　　　　　　　　　图 3-101

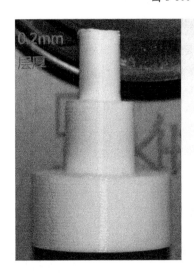

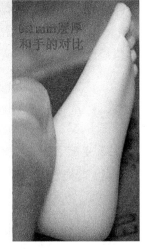

打印层厚对比　　　　　　　　　　　图 3-102

28. 打印的模型错位怎么办？

原因同问题 19。

29. 模型从平台上不好剥离怎么办？

打印完成的模型需要从平台上剥离,此时可以用铲刀将模型铲下,然后使用尖嘴钳子将模型的基座去除。模型的基座和模型直接的粘紧程度是可以通过调节剥离系数,从而调节剥离的难易程度,剥离系数越小则表示粘得越牢,剥离系数越大则表示越好剥离。操作方法如图 3-103 所示。

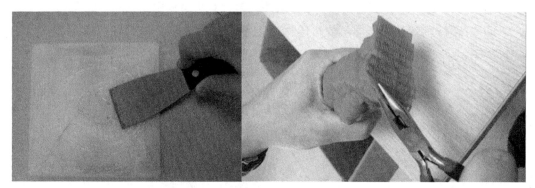

图 3-103

30. 模型上有很多细细的毛糙的丝怎么办?

打印模型上的毛糙细丝是由于打印迅速凝固而产生的,此时可以使用热风枪进行处理。

31. 剥离模型后在打印平台上留下很多杂丝怎么办?

平台上的打印残留胶水和打印丝可以用铲刀铲去,但是经常使用不需要将残留胶水铲掉,因为这样的胶水还有粘牢基座的作用,残留增加了平台板的粗糙性,更加粘牢打印的模型。

三、软件部分

32. 电脑无法连接打印机怎么办? 电脑软件不能控制打印机怎么办?

(1)首先检查打印机驱动是否正常安装成功。

(2)驱动安装成功,检查设备序列号是否注册成功。

33. 如何设置合适的打印参数,如剥离系数、支撑、打印厚度等?

模型的剥离系数是模型和基座之间的粘紧程度,默认剥离系数是 2.6,如果模型和基座容易脱落,那么需要将剥离系数改小 (eg: 剥离系数为 2.2)。夏天天气热,剥离系数在 2.3~2.6 的范围,冬天气温低,打印温度在 220 度,剥离系数在 2.1~2.3 之间。

34. 生成路径耗时很长怎么办?

模型需要简化,或者电脑的配置低,电脑运算速度太慢。

35. 生成路径时电脑死机怎么办?

模型数据 MB 太大,或者打印机软件缺少插件 Bug,数据太大可以通过简化模型解决,软件缺少插件需要重启软件,更严重则需要重装软件。

36. 生成路径失败怎么办?

模型需要做修复,修复软件有 Gemogic/Meximers,检查模型是否有自相线。

37. 联机打印一段时间后打印机和电脑突然断开了连接怎么办?

(1)冬天将 3D 打印机放在胶质的桌子上容易积累静电,静电会干扰打印机和电脑通讯。此时应将打印机放在木质桌子上或者直接放在地上。

(2)打印的固件和 3D Star 软件版本不匹配。此时需要登录官网,查看打印机的固件和对应匹配的 3D Star 软件。

小　结

本章重点阐述了 3D 打印过程,即通过计算机软件建模,将建成的三维模型"分区"成逐层的截面,从而指导打印机打印。3D 打印机的工作原理和传统打印机基本一样,都是由控制组件、机械组件、打印头、耗材和介质等架构组成的,打印机通过读取文件中的横截面信息,用液体状、粉状或片状的材料将这些截面逐层地打印出来,再将各层截面以各种方式粘合起来从而制造出一个实体。这种技术的特点在于其几乎可以造出任何形状的物品。

同时也系统地说明了 3D 打印机的常见问题和维修方法,用图文相结合的方法展现了从打印机系统的平台准备到打印测试的各个环节,列举了在使用打印机过程中可能会出现的故障,并简要说明对 3D 打印机的维护方法。

基础造型 3D 打印练习:针对一种产品,对其进行外观造型设计,并根据设计方案通过 3D 打印技术完成模型制作。

人机交互技术包括机器通过输出或显示设备给人提供大量有关信息及提示请示等，人通过输入设备给机器输入有关信息，回答问题及提示请示等。人机交互技术是计算机用户界面设计中的重要内容之一。它与认知学、人机工程学、心理学等学科领域有密切的联系。也指通过电极将神经信号与电子信号互相联系，达到人脑与电脑互相沟通的技术，可以预见，电脑甚至可以在未来成为一种媒介，达到人脑与人脑意识之间的交流，甚至可以心灵感应。

第一节　人机交互

一、人机交互与计算机

人机交互（Human-Computer Interaction，HCI）是研究人、计算机以及它们间相互影响的技术。用户界面是人与计算机之间传递、交换信息的媒介和对话接口，是计算机系统的重要组成部分。人机交互和用户界面有紧密的联系，但又是两个不同的概念：前者强调的是技术和模型，后者是计算机的关键组成部分。计算机是 20 世纪的一项伟大发明，它对 21 世纪人类生活的各个方面带来了深刻影响。计算机的发展历史，不仅是处理器速度、存储器容量飞速提高的历史，也是不断改善人机交互技术的历史。人机交互技术，如鼠标器、窗口系统、超文本、浏览器等（如图 4-1），已对计算机的发展产生了巨大的影响，而且还将继续影响全人类的生活。人机交互技术是当前信息产业竞争的一个焦点，世界各国都将人机交互技

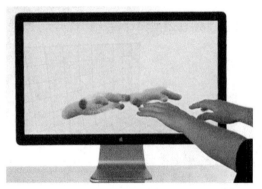

图 4-1

术作为重点研究的一项关键技术。美国总统信息技术顾问委员会的"21 世纪的信息技术报告"中,将人机交互和信息管理列为新世纪 4 项重点发展的信息技术(还包括软件、可伸缩信息基础设施、高端计算)之一,它的目标是研制能听、能说、能理解人类语言的计算机,并指出现在美国 40% 以上的家庭拥有计算机,然而,对于大多数美国人来说,计算机仍然难以使用。调查表明,由于不理解计算机正在做什么,用户浪费了 12% 以上的上机时间。更好的人机交互将使计算机易于使用,并使使用者更愉快,因而可提高生产率。考虑到现在经常使用计算机的人数多,研制这种计算机的回报将非常巨大。最理想的是,人们可以和计算机交谈,而不像现在这样仅限于窗口、图标、鼠标,指针(WIMP)界面。微软中国(后改为亚洲)研究院从成立一开始,就将新一代人机交互技术作为其主要研究方向 1ACM 图灵奖 1992 年获得者、微软研究院软件总工程师 Butler Lampson 在题为"21 世纪的计算研究"报告中指出计算机有三个作用:第一是模拟;第二是计算机可以帮助人们进行通信;第三个是互动,也就是与实际世界的交流,人们希望计算机能够看、听、讲,甚至比人做得更好,并能够进行实时处理。我国国家自然科学基金会、国家重点基础研究发展计划(973)、国家高技术研究发展计划(863)等项目指南中,均将先进的人机交互、虚拟现实技术列为予以特别关注的资助项目,人机交互技术是其中的瓶颈技术。以人为中心、自然、高效将是发展新一代人机交互的主要目标。

二、人机交互的发展历史

人机交互的发展历史,是从人适应计算机到计算机不断地适应人的发展史。它经历了几个阶段。

(1)早期的手工作业阶段。

当时交互的特点是由设计者本人(或本部门同事)来使用计算机,他们采用手工操作和依赖机器(二进制机器代码)的方法去适应现在看来是十分笨拙的计算机。

(2)作业控制语言及交互命令语言阶段。

这一阶段的特点是计算机的主要使用者程序员可采用批处理作业语言或交互命令语言的方式和计算机打交道,虽然要记忆许多命令和熟练地敲键盘,但已可用较方便的手段来调试程序、了解计算机执行情况。

(3)图形用户界面(GUI)阶段。

1GUI 的主要特点是桌面隐喻、WIMP 技术、直接操纵和所见即所得(WYSIWYG)。由于 GUI 简明易学、减少了敲键盘、实现了事实上的标准化,因而使不懂计算机的普通用户也可以熟练地使用,开拓了用户人群。它的出现使信息产业得到空前的发展。

（4）网络用户界面的出现。

以超文本标记语言 HTML 及超文本传输协议 HTTP 为主要基础的网络浏览器是网络用户界面的代表。由它形成的 WWW 网已经成为当今 Internet 的支柱。这类人机交互技术的特点是发展快,新的技术不断出现,如搜索引擎、网络加速、多媒体动画、聊天工具等。

（5）多通道、多媒体的智能人机交互阶段。

以虚拟现实为代表的计算机系统的拟人化和以手持电脑、智能手机为代表的计算机的微型化、随身化、嵌入化,是计算机的两个重要的发展趋势。而以鼠标和键盘为代表的 GUI 技术是影响它们发展的瓶颈。利用人的多种感觉通道和动作通道（如语音、手写、姿势、视线、表情等输入）,以并行、非精确的方式与（可见或不可见的）计算机环境进行交互,可以提高人机交互的自然性和高效性。多通道、多媒体的智能人机交互对我们既是一个挑战,也是一个极好的机遇。在人机交互的发展中,一大批专家为此做出了卓越的贡献,下面是最有影响的一些事件和成果。

① 1945 年,美国罗斯福总统的科学顾问 V. Bush（1894~1974）在《大西洋月刊》上发表的 As We May Think 的著名论文,提出了应采用设备或技术来帮助科学家检索、记录、分析及传输各种信息的新思路和名为 "Memex" 的一种工作站构想,影响着一大批最著名计算机科学家。

② 1963 年,美国麻省理工学院 I. Sutherland 开创了计算机图形学的新领域,并获 1988 年 ACM 图灵奖。他还在 1968 年开发了头盔式立体显示器,成为现代虚拟现实技术的重要基础。

③ 1963 年,美国斯坦福研究所的 D. Engelbart 发明了鼠标器,他预言鼠标器比其他输入设备都好,并在超文本系统、导航工具方面取得了杰出的成果（Augmented Human Intellect Project）,获 1997 年 ACM 图灵奖。10 年后,鼠标器经过不断地改进,成为影响当代计算机使用的最重要成果。

④ 20 世纪 70 年代,当时在 Xerox 研究中心的 Alan Kay 提出了 Smalltalk 面向对象程序设计等思想,并发明了重叠式多窗口系统,后经苹果、微软、麻省理工学院等单位的不断研究和开发,形成了目前广泛使用的图形用户界面的标准范式。

⑤ 1989 年,Tim Berners-Lee 在日内瓦的 CERN 用 HTML 及 HTTP 开发了 WWW 网,随后出现了各种浏览器（网络用户界面）,使互联网飞速发展起来。

⑥ 20 世纪 90 年代,美国麻省理工学院 N. Negroponte（他早在 30 年前就提出了交谈式计算机概念）领导的媒体实验室在新一代多通道用户界面方面（包括语音、手势、智能体等）做了大量开创性的工作,是畅销书《数字化生存》（Being Digital）的作者。

⑦ 20 世纪 90 年代,美国 Xerox 公司 PARC 的首席科学家 Mark Weiser,首先提出"无所不在计算(Ubiquitous Computing)"思想,并在此领域做了大量开拓性的工作。

三、人机交互技术的进展

1. 自然、高效的多通道交互

自然、高效的多通道交互(Multi-Modal Interaction, MMI)是近年来迅速发展的一种人机交互技术,它既适应了以人为中心的自然交互准则,也推动了互联网时代信息产业(包括移动计算、移动通信、网络服务器等)的快速发展。MMI 是指一种使用多种通道与计算机通信的人机交互方式。通道(Modality)涵盖了用户表达意图、执行动作或感知反馈信息的各种通信方法,如言语、眼神、脸部表情、唇动、手动、手势、头动、肢体姿势、触觉、嗅觉或味觉等,采用这种方式的计算机用户界面称为多通道用户界面。

MMI 的各类通道(界面)技术中,有不少已经实用化、产品化、商品化,科技人员做出了不少优异的工作:在手写汉字识别方面,中国科学院自动化研究所开发的"汉王笔"手写汉字识别系统,经过近 20 年的研究和开发,已能识别 27 000 个汉字,当用非草写汉字、以每分钟 12 个汉字的速度书写时,识别率可达 99.8%。我国现在已约有 300 万手写汉字识别系统的用户。微软亚洲研究院多通道用户界面组发明的数字墨水技术,采用全新易操纵的笔交互设备、高质量的墨水绘制技术、智慧的墨迹分析技术等,不仅可用作为文字识别、图形绘制的输入,而且可作为一种全新的"Ink"数据模型,使手写笔记更易阅读、获取、组织和使用。数字墨水技术已作为产品,结合在微软的 Tablet PC 操作系统中,产生了巨大的社会影响。它还将继续发展,有可能成为新一代优秀的自然交互设备。在笔式交互技术研究中,中国科学院软件研究所人机交互技术与智能信息处理实验室在笔式交互软件开发平台、面向教学的笔式办公套件(包括课件制作、笔式授课、笔式数学公式计算器、笔式简谱制作等)、面向儿童的神笔马良系统的开发应用方面均有出色的工作,其中不少已经实用化、产品化。瑞典 Anoto AB 公司开发了使用蓝牙技术的 Digital Pens, Digital Pa-pers 专利及相关的开发工具包等,在采用纸、笔的有形(实物)操作界面方面带来诱人的应用前景,引起广泛重视。在中文语音识别方面,IBM/Via Voice 连续中文语音识别系统经过不断改进,广泛应用于 Office XP 的中文版等办公软件和应用软件中,在中文语音识别领域有重要影响。中国科学院自动化研究所"汉语连续语音听写系统"的特点是建立了基于决策树的上下文相关模型;针对连续语音中声调之间的协同发音问题,建立了相应的变调模型;建立了与识别系统配套的自适应平台,降低 35% 左右音节误识率;提出了领域自适应方法,通过较少的领域语料,可得到较好的领域自适应模型和字典。

语音合成，又称文语转换（Text To Speech，TTS）技术，从 1990 年基音同步叠加（Pitch Synchronous Over Lap Add，PSOLA）方法的提出，使合成语音的音色和自然度明显提高。基于 PSOLA 方法的法语、德语、英语、日语等语种的文语转换系统相继研制成功。在汉语语音合成方面国内起步较晚，大致也经历了共振峰合成至 PSOLA 方法应用的过程。在国家的支持下，汉语语音合成取得了显著进展，如中国科学院声学研究所的 KX-PSOLA、联想佳音，清华大学的 TH SPEECH，中国科技大学的 KDTALK 等系统。1999 年，在国家智能计算机研究开发中心、中国科技大学人机语音通信实验室的基础上组建了科大讯飞公司，技术上更着眼于合成语音的自然度、可懂度和音质，设计了基于 LMA 声道模型的语音合成器、基于数字串的韵律规则分层构造、基于听感量化的语音库，以及基于汉字音、形、义相结合的音韵码等，先后研制成功音色和自然度更高的 KD863 及 KD2000 中文语音合成系统。其语音产品在主流市场有较高占有率，并牵头制定中文语音标准，是具有国际先进水平的汉语语音合成技术。上述成果表明，作为人类最重要的自然通道语音和笔的交互技术（包括手写识别、数字墨水、笔交互、语音识别、语音合成等通道技术），近年来已有显著的进步，我国的不少成果已具有国际先进水平，并达到了一定的产业规模。虽然语音和笔（手势）通道因其自身的特点，在抗干扰、准确度等方面仍嫌不足，但它们在多通道整合、领域受限应用等配合下，最有希望成为新一代实用的自然交互技术。

MMI 的通道（界面）技术中，有不少研究开发取得明显进展，也开始了不少新的通道技术研究。在手语识别和合成方面，中国科学院计算技术研究所研制成功了基于多功能感知的中国手语识别与合成系统，它采用数据手套可识别大词汇量（5177 个）的手语词。该系统建立了中国手语词库，对于给定文本句子（可由正常人话语转换而成），自动合成相应的人体运动数据。最后采用计算机人体动画技术，将运动数据应用于虚拟人，由虚拟人完成合成的手语运动。该系统可输出大词汇量的手语词，为中国聋哑人的教育、生活提供了有用的辅助工具，使他们用手语与正常人的交流成为可能。

生物特征识别技术（Biometrics）是受到广泛关注的一类新兴识别技术，早期通过对人的指纹识别来确定人的身份，因而指纹识别被广泛应用于安全、公安等部门。随着反恐斗争的日显重要，各国正在对其他人体特征进行广泛研究，希望能尽快找到快速、准确、方便、廉价的身份识别方法。对眼睛虹膜、掌纹、笔迹、步态、语音、人脸、DNA 等的人类特征研究和开发，正引起政府、企业、研究单位的广泛注意。唇读、人脸表情识别是又一个人机交互技术的热点。唇读将人们说话的语音和嘴唇变化的形态结合起来，以便更准确地获取人们表达的意图、感情和愿望等。人脸表情识别的模型和方法也在不断改进。自然语言理解始终是自然人机交互的最重要目标,虽然目前在语言模型、语料库、受限领域应用等方面均有进展,但由于它本身具有的难度(自然语言的不规范性等),自然语言理解仍是计算机科学家和语言学家的一个长期研究目标。

MMI 的一个核心研究内容是多通道的整合问题。1995 年,由北京大学、杭州大学、中国科学院软件研究所承担的国家自然科学基金重点项目"多通道用户界面研究"是当时我国最大的 HCI 项目,由于计算机科学家和心理学家的通力合作研究,探索多通道用户界面的模型、设计、实现、评估和应用,取得了重要的成果。研究表明,在不同口音的用户、不同使用环境(移动或固定)的条件下,采用多通道的系统比单通道有更好的稳定性。北京大学人机交互和多媒体研究室对互联网环境下的 MMI 和手持移动设备的 MMI 进行了深入的研究,通过对所开发的网上购物的多通道界面的 NetShop 原型系统、移动导游系统 TGH、多通道用户界面原型系统 FreeVoiceCAD 等用户评估,表明语音通道和笔通道(或指点通道)的结合,可有效地提高交互的效率和用户的满意度。2002 年 2 月,W3C(World Wide Web Consortium)国际组织成立了多通道交互工作小组(Multimodal Interaction Working Group),开发 W3C 新的一类支持移动设备 MMI 的协议标准。通道可包括 GUI, Speech, Vision, Pen, Gestures, Haptic 等,其中输入可包括声音、键盘、鼠标、触笔、触垫等,输出可包括图形显示器、声音或语言提示等。当时有 42 家大型 IT 企业或单位参加该小组,参与制定多通道交互的相关协议标准。它覆盖了几乎所有计算机软硬件、移动通信、家电的大型厂商,开展了 7 项标准的制定:多通道交互框架(Multimodal Interaction Framework),多通道交互需求(Multimodal Interaction Requirements),多通道交互用例(Multimodal Interaction Use Cases),可扩展多通道注释语言需求(Extensible MultiModal, Annotation language requirements),数字墨水需求(Ink Requirements),可扩展多通道注释标记语言(Extensible MultiModal Annotation markup language, EMMA)并已在互联网上发布不同阶段的正式草稿,供补充、完善。这些标准的制定既反映了 MMI 技术已开始成熟,也是国际大型厂商企图控制全球 MMI 市场的具体体现,值得我们高度重视。

2. 人机交互模型和设计方法

模型在人机交互领域中十分重要,用得很多,类型也很多。一类是从系统的结构出发,讨论界面在系统中的地位和分解,我们称它为"界面结构模型"。其典型的例子是将界面分成三部分(表示部件、对话控制、应用接口)的 Seeheim 模型。另一类是从系统设计的角度来了解用户的"用户特性模型",它分析不同用户的特点,以提高系统的针对性和适应性,增强界面个性化和提高效率。其典型例子是按照用户对系统、领域的知识、经验、技能的不同,将用户分为偶然、生疏、熟练、专家型等 4 类用户。我们这里讨论的是从认知科学出发,分析用户如何和计算机互动的人机交互模型,即行为模型,任务分析模型就是其中的一例。20 世纪 70 年代,美国卡内奇梅隆大学的 Card 等发表了一系列文章,论述了心理学的问题解决理论及与界面设计的关系,讨论了文本编辑及用计算机完成给定任务时的认知过程和心理学要求。文献描述了一个用人机交互方式进行文本编辑的系统模型,它通过提供解决问题时的操作步骤,展示了一个用户任务分析模型 GOMS (Goals, Operators, Methods, Selection rules),该模型从以下几方面对模型进行评估: 对用户操作顺序进行预测,对完成一个特定的修改所需要的时间进行预测,对模型的具体应用准确性所产生的影响进行预测。该模型的理论基础是认知心理学家创立的问题解决理论。1996 年,美国卡内奇梅隆大学的 John 等又进一步提出了 CPM (Cognitive Perceptual Motor) -GOMS 模型,这是一个并行处理的多层次模型,它也称作关键路径方法 01CPM-GOMS 模型从人的因素处理器各个层面上提供感知、认知和运动的操作功能,它可以在任务的要求下进行并行操作,可以同时执行多个活动目标。任务分析 GOMS 模型长期以来一直是人机交互最重要模型之一,但由于其层次较低 (词法和文法级),不适应较高层次上对用户概念、意图的建模,也不适应对系统需求的高层次分析。

近年来,国际上已广泛采用以用户为中心的设计 (User Centered Design, UCD) 方法。该方法已被国际标准化组织 (ISO) 作为正式标准,以人为中心的交互系统设计过程而发布。UCD 方法的主要特征是用户的积极参与,对用户及其任务要求的清楚了解,在用户和技术之间适当分配功能,反复设计解决方案,多学科设计。其主要设计活动是了解并确定使用背景,确定用户和组织要求,提出设计解决方案,根据要求评价设计。在具体交互设计中,目前广泛使用 Carroll 的基于剧情的设计 (Sce-nario-Based Design) 方法,该方法从用户的观点详细地给出交互过程的全部角色 (人、设备、数据源、系统等)、各种场景的假设、剧情的描述、某种形式 (如用事件表来刻画用户动作、设备响应、事件叙述、事件处理、动作结果等) 的人机对话逐步分解,其他各种条件 (如协议,同步,例外事件等)。由于该方法符合人的认知过程、在较高层次上描述了用户的意图、又便于实现,因而在大量交互系统设计中采用,如 W3C 多通道交互工作小组的一个标准文档多通道交互用例 (Multimodal Interaction Use Cases) 与 Norman 分布式认知理论用于 HCI 建模的同时,基于知识的概念模型逐渐受人重视。这种建模方法吸取了以用户为中心的设计方法和基于剧情的设计方法的一些特点,期望在更高层次上建模。就是采用本体 (Ontology) 来描述知识的交互设计概念建模方案。

3. 虚拟现实和三维交互

二维图形用户界面的一个发展方向是在桌面上显示三维效果,同时虚拟现实技术的一个最重要特征是它的立体沉浸感。为了达到三维效果和立体的沉浸感,并构造三维用户界面 (3D-UI),人们先后发明了立体眼镜、头盔式显示器 (HMD)、双目全方位监视器 (BOOM)、墙式显示屏的自动声像虚拟环境 (CAVE) 等。它们已广泛用于不同需求、不同平台的虚拟现实系统中。北京航空航天大学等 6 家单位联合承担的分布式虚拟现实应用系统开发与支撑环境是我国第一个大型虚拟现实研究项目,已取得优异的成果。浙江大学 CAD&CG 国家重点实验室在 CAVE 设备上做了许多创新的研究工作。在三维输入设备方面,三维鼠标、三维跟踪球、三维游戏杆已广泛应用于各种三维及网络游戏中。在大型虚拟现实系统中,目前仍广泛使用各种超声、电磁、光导介质的位置跟踪设备,以 Polhemus 器件构造成的头动位置检测器、数据手套、数据衣服等虽然有很多不便之处,但因其精度高,仍是大型虚拟现实系统的主要交互设备。触觉和力反馈装置已经有大批不同价位的产品出现在市场,成为军事、医学、游戏等应用领域的新型交互设备。值得重视的是,由于数字摄像技术在价格和精度方面的快速发展,同时由于各种识别技术的进展,目前采用多方位、多角度、多台数字摄像机构建的无障碍虚拟现实环境 (智能空间, Smart X),已广泛用于室内条件下的虚拟现实系统 (如智能办公室,智能教室等)。不仅廉价的桌面虚拟现实应用在商品展示、网络游戏等领域得到推广,而且由于海量数据的科学可视化、大型军事虚拟现实环境等的需求,各类三维交互设备仍有相当的发展空间,尤其是在可靠性、价格、性能等方面需不断改进。目前,由于用平面照片构造三维模型存在精度问题等,因而另一类三维扫描设备有快速发展的趋势,并已广泛应用于虚拟现实、文物保护、建筑修复与翻新、古迹数字化存储、GIS 近景数据获取、工程改造与维护、历史资料建档施工、仿真模拟等。三维扫描设备有接触式和非接触式、手持和固定、不同精度之分,可按不同应用环境和精度要求来选取。由于使用方便,非接触式三维手持激光扫描仪很受一般用户青睐。国外著名公司先后推出各类新品,如在三维位置获取、运动跟踪技术方面领先的美国 Polhemus 公司,推出了 FastSCAN Cobra 手持激光扫描仪,它在保留了以前产品功能的同时,体积却减小了一半 (长度为 230 mm),使用和携带方便,费用也可节省 30%。它还可以实时地进行三维模型的自动缝合、自动洞穴填补、表面平滑外推、网格简化等。

近年来,在工业设计中运用的可用性工程为国际上所公认。可用性是指某产品在特定使用背景下,为特定用户、用于特定目的时,所具有的有效性、效率和满意度在 ISO 9241-11 可用性指南中,对如何实施可用性给出了原则和指南。90 年代后期,原杭州大学工业心理学重点实验室就为 Mo-torola 和 Symantec 公司开展了产品的可用性测试工作。现在,微软亚洲研究院、西门子、诺基亚等先后在我国设立了可用性实验室或中心。大连海洋大学欧盟可用性中国中心为国内软件企业开展了大量可用性培训和测试工作。综上所述,我们可以看到国际上人机交互技术有飞速的发展,我国也在这个领域做了大量工作,已有高水平的研究成果和产品。

4. 可穿戴计算机和移动手持设备的交互

可穿戴计算机可广泛应用于野外作业,如军事作战与训练、航天器、海洋的油井平台等。它设计的主要问题是,如何在有限的工作空间内提供各种信息工具的无缝集成。为了达到这个目的,系统必须通过一种自然、非强制的方法来提供功能,以便让用户的注意力集中在手上的任务,而不被系统所分心。在用户和所有设备(鼠标、键盘、监视器、操纵杆、移动通信设施等)之间应该有固定的物理联系。国际上,美国麻省理工学院媒体实验室在可穿戴计算技术的研究上一直站在最前沿,德国 Xybernaut 公司等在产品开发上卓有成效,IBM、HP、Sony 等大公司也都开始了这方面的研发。在可穿戴计算机的人机交互中,应特别重视自然的多通道界面(如语音、视线跟踪、手势等)、上下文感知应用(如位置、环境条件、身份等传感器)、经验的自动捕捉及访问(如采用增强现实 AR 的 See Through 头盔显示来交流信息)CMU 的 LingWear 项目的目标是开发用于可穿戴计算机的语言,对处于外语环境下的游客、参观者、军事人员等提供帮助。LingWear 是一个可移动的游览信息系统,它使得身着可穿戴计算机的用户在身处外国城市的时候可以找到道路、景点、住宿等相关信息,该项目涉及语音处理和多通道两方面的技术,包括语言翻译、道路导引以及通过声音、手写、手势和图像处理等方式进行信息的存取。在总结 CMU 可穿戴计算机应用时,认为 CMU 在 20 余项不同的可穿戴应用中,发现有三种式样用得频繁:每日(周、月)报表、工作订单、各类求助咨询,因而需针对频繁的应用式样来设计快速、方便、自然的交互方式。在我国,哈尔滨工业大学、重庆大学等单位已成立了研究组织,进行可穿戴计算新技术和产品的研究与开发。移动手持计算设备是指具有计算功能的 PDA、掌上电脑、智能手机等小型设备。2002 年我国手机拥有量为 2.16 亿部,普及率为 16% 左右,而美欧等市场手机的普及率已经达到 60% 以上。随着无线互联网、移动通信网的快速发展,手机的普及率还将提高,小型、时尚、功能强、价廉的手机已是厂商的开发目标,其中将计算功能嵌入手机、通信功能加入掌上电脑已成潮流。那么,在移动计算环境下的人机交互有什么特点呢?

① 必须自然交互、自然感知。我们不能想象用大屏幕、键盘、鼠标来操作手持移动设备,在小屏幕条件下应按照人类认知的特点,利用简洁、摘要、逐步交互细化的方法交

流信息。而交互手段应采用简单按键、笔、语音等自然、高效的多通道方式。

② 应充分利用上下文感知的特点,自动简化信息的复杂性。例如,通过对位置、身份、时间、环境条件等上下文的检测,自动简化信息的处理。

③ 重视不同设备、不同网络、不同平台之间的无缝过度和可扩展性。这里有数据传输的协议标准问题,也有不同网络(有线与无线、电信网与互联网等)的覆盖、互联、带宽问题等。W3C(万维网联盟)国际组织正在制定支持移动设备多通道交互的协议标准,就是为了抢先确定标准,尽早占领市场份额。美国著名的 SRI 公司的 PowerBrowser 项目,设计了一个基于移动 PDA 的 Web 信息界面,此项目采用低带宽的无线连接设备访问 WWW 网络,用户可以通过语音和笔输入信息实现以下功能:导航、站点检索和关键字自动填充、可折叠的摘要、文本摘要、表单输入等。北京大学人机交互和多媒体研究室通过移动导游系统 TGH 的开发对移动设备多通道交互框架、上下文感知的设计实现、移动互联网上 Client/Server 结构对语音和笔通道整合的处理等进行广泛的研究,通过实验和评估表明上述框架、设计方案是合理的,其结果值得重视和推广。

5. 智能空间及智能用户界面

智能空间(Smart Space)是指一个嵌入了计算、信息设备和多通道传感器的工作空间。由于在物理空间中嵌入了计算机视觉、语音识别、墙面投影等 MMI 能力,使隐藏在视线之外的计算机可以识别这个物理空间中人的姿态、手势、语音和上下文等信息,进而判断出人的意图并做出合适的反馈或动作,帮助人们更加有效地工作,提高人们的生活质量。这个物理空间可以是一张办公桌、一个教室或一幢住宅。由于在智能空间里用户能方便地访问信息和获得计算机的服务,因而可高效地单独工作或与他人协同工作。国际上已开展了许多智能空间的研究项目(Smart X)1MIT 的人工智能实验室从 1996 年开始了名为 Intelligent Room 的研究项目,其目的在于探索先进的人机交互和协作技术,具体目标是建立一个智能房间,解释和增强其中发生的活动。通过在一个普通会议室和起居室内安装多台摄像头、麦克风、墙面投影等设施,使房间可以识别身处其中的人的动作和意图,通过主动提供服务,帮助人们更好地工作和生活。例如,当墙面投影图像是一张地图时,他可以用手指向某个区域并用语音问计算机这是哪个位置,系统也会根据你当前的位置把你需要的图像投影到离你最近的地方。其他研究还有 Stanford 的 Interactive Workspace, Georgia Tech1 的 Aware Home, UIUC 的 Active Space, Microsoft 的 EasyLiving, IBM 的 Blue Space,欧洲 GMD 的 iLand 等。我国清华大学计算机系实现了一个智能环境实验系统智能教室(Smart Classroom)。该教室把一个普通的教室空间增强为教师和远程教育系统的交互界面,在这个空间中,教师可以摆脱键盘、鼠标、显示器的束缚,用语音、手势,甚至身体语言等传统的授课经验来与远程的学生交互。在这里,现场的课堂教育和远程教育的界限被取消了,教师可以同时给现场的学生和远程的学生进行授课。智能教室实现了实时远程教学,它借助于一种可靠多播协议和自适应传输机制的支持,可以在网上开展交互式的远程教育。同时,这个空间可以自动记录教学过程中发生的事件,产生一个可检索的复合文档,作为有现场感的多媒体课件来使用。

将智能技术结合到用户界面中,而构成智能用户界面 (Intelligent User Interface, IUI),智能技术是它的核心。IUI 的最终目标是使人机交互成为和人人交互一样自然、方便。智能环境是指用户界面的宿主系统所处的环境应该是智能的。智能环境的特点是它的隐蔽性、自感知性、多通道性及强调物理空间的存在。智能空间是智能环境的一种。在当今的无线互联网时代,人们通过跨地域的互联网已可以和世界上任何地方进行交互。互联网、GPS、移动通信、家电一体化等已为更大范围的智能环境创造了良好的基础。上下文感知是提高计算智能性的重要途径。上下文是指计算系统运行环境中的一组状态或变量,其中的某些状态和变量可以直接改变系统的行为,而另一些则可能引起用户兴趣从而通过用户影响系统行为。上下文感知计算是指系统自动地对上下文、上下文变化以及上下文历史进行感知和应用,根据它调整自身的行为。任何可能对系统行为产生影响的因素都属于上下文的范畴,包括用户的位置、状态和习惯,交互历史,设备的物理特征、环境温度、光强、交通、周围人等各种状态。智能体 (Agents) 在智能技术中的重要性已不言而喻了。在 IUI 中,SRI 提出的开放智能体结构 (Open Agent Architecture, OAA) 已用于许多通道用户界面系统 (包括 Smart X) 中 1OAA 是开发多 agent 系统的一种通用框架,它将一群异质的软件 Agents 组织在一个分布式的环境中,1OGI 提出的 AAA (Adaptive Agent Architecture) 是开发多 Agent 系统的另一个通用框架,它以 Java 库的形式支持 OGI 的各类多智能体系统 (包括 MMI 系统) 的研究。已经实现的 AAA 库完全与 SRI 的 OAA 111 版本兼容。与 OAA 结构相比,AAA 有更多的优点,包括多代理 (Multi-Brokered) 的系统结构,健壮性好;支持并发处理;采用内部智能体直接通信,其效率高等。

四、人机交互面临的重大挑战

1. 无所不在的计算

无所不在的计算 (Ubiquitous Computing, Ubicomp) 是由 Xerox PARC 首席科学

家 Weiser 1988 年提出的。他认为从长远看计算机会消失，但这种消失并不是技术发展的直接后果，而是人类心理的作用，因为计算变得无所不在。当人类对某些事物掌握得足够好的时候，这些事物就会和我们生活不可分，我们就会慢慢地不觉得它的存在，就像现在的纸和笔。

无所不在的计算强调把计算机嵌入到环境或日常工具中去，而将人们的注意中心集中在任务本身。

计算会无所不在，不可见的人机交互也会无所不在。就像我们时刻呼吸着的氧气一样，我们看不见却可以体验到。

2. 虚拟现实和科学计算可视化

Weiser 在他的著名论文中曾对虚拟现实和嵌入式的无所不在计算（在图中称为具体化的想象 Embodied Virtuality）用两个图示作了对比，前者通过计算机可看到各式各样的虚拟世界，后者则将各式各样计算装置嵌入世界万物中。前者可能是大型分布式计算机应用系统，后者可能是联网的微型计算设备。以虚拟现实为代表的计算机系统拟人化和以掌上电脑、智能手机为代表的计算机微型化、随身化和嵌入化，是当前计算机的两个重要的发展趋势。大型虚拟环境和科学可视化系统，均需构造三维交互环境。当多人协同或远距离操作时，有更多问题需解决。有实用前景的增强现实（Augmented Reality，AR）技术也有许多问题（如被动观察、简单浏览、同步配合等）要解决。虚拟现实和科学计算可视化从三维交互设备、自然交互、上下文感知等方面，同样提出了大量新的人机交互课题（如图 4-2）。

图 4-2

3. 图形用户界面

图形用户界面会被替代吗？否。它将会增强,而不是被替代。有没有一个最终、最佳的用户界面？没有。界面存在的本身,就是一个不幸。应该是没有界面,计算机应是不可见。图形用户界面 WIMP 将继续在许多办公室应用、桌面应用中长期使用。它还将在以下几方面继续发展:从直接控制到非直接控制 (Smart X, agents, SUI),从二维到三维视感,更准确的语音、手势识别,高质量的触觉反馈设备,更方便的界面开发工具,增强智能代理功能,用视频摄像来识别用户的身份、位置、眼动和姿势。

4. Moore 定律

虽然很多人怀疑 Moore 定律是否将继续成立,但计算机的芯片仍按 Moore 定律而发展,也即计算机的运算速度、存储能力,以至整体计算能力一直在成倍翻新。而人的认知能力 (包括记忆、理解能力) 是不随时间成倍增长的。那么人和计算机的交互就会存在严重的不平衡。针对 Moore 定律的挑战,我们必须用工具或手段来扩展人的认知能力,或者说我们要增加人脑的带宽顺风耳、千里眼,以至各种嵌入式设备 (眼镜、手套、耳机等) 都是为了减轻人的认知负荷,扩展认知能力。人机交互技术从本质上讲是为了减轻人的认知负荷,增强人类的感觉通道和动作通道的能力。

5. 眼花缭乱的新名词

变革的时代会创造出无数新事物、新名词。在 GUI/WIMP 不再适应计算机快速发展时,新一代界面的新名词层出不穷,如有知觉的界面 (Perceptual UI, PUI)、SUI、IUI、AUI,有形的界面或实物操作界面 (Tangible UI、TUI)、Post-WIMP UI 等。现在喜欢用计算来代替计算机,因而大量的 Computing 出现了:无所不在 (Ubiquitous)、普适 (Pervasive)、移动 (Mobile)、可穿戴 (Wearable)、智能 (Intelligent)、不可见 (Invisible) 等。无所不在的计算是一项长期的目标,它表明人机交互在嵌入性和可移动性方面的理想目标。普适计算、不可见计算则更侧重于它的嵌入性,而可穿戴计算、移动计算则更侧重于它的移动性。智能计算或界面则更侧重于它的一个核心技术智能。

五、人机交互与产品设计

1. 产品设计前期定位研究

长期以来,我国的经济发展以传统制造业和加工业为主导,缺乏自主品牌和自主知识产权,处于产业价值链的末端。工业设计作为创立自主品牌、提升产品附加值和拥有自主知识产权无疑具有重要的战略意义。但相对于西方发达工业国家,中国工业设计尚处于起步和发展阶段,沿袭西方工业设计发展的模式既不可能也不现实。基于交互式用

户体验 (User Experience, 以下简称 UE) 的产品设计前期定位研究不同于以往需制作产品实物模型进行用户使用测试 (且某些产品设计并不适合制作实物模型, 如大型机械等), 而是在虚拟现实环境中进行, 减少了大量现实的修改工作并可以实现实时的动态调整, 得到较为合理的设计定位后再投入实体设计, 有效地节约设计成本、降低设计风险, 避免缺陷产品投放市场留下隐患和导致经济损失, 为大量中小企业导入产品设计提供了可行的方法, 有助于提高产品竞争力, 改善企业生存环境。

2. 体验经济模式对于产品设计方法的影响

传统经济时代的经济提供物都是停留在顾客之外的, 大多数的产品设计者主要关注产品本身的内部技术性细节, 或仅仅考虑到它的造型外观, 而体验经济则要求把注意的中心转移到顾客对产品的使用上去, 包含顾客使用时会如何操作, 使用后得到哪方面的反思。它涵盖了和体验相关的情感、心理、认知能力等等非物质因素。随着体验经济的日益发展及社会生活的高节奏, 消费者对于作为体验载体的产品和服务的要求也日益多样化和快速化, 这两方面都使得结合体验经济的特征进行产品设计前期定位成为一个重要课题。

3. 基于交互式用户体验的产品设计前期定位的系统要素基础架构

(1) 先进设计技术 (Advanced Design Technology)。

先进设计技术是根据产品功能要求和市场竞争 (时间、质量、价格等) 的需要, 应用现代技术和科学知识, 经过设计人员创造性思维、规划和决策, 制定可以用于设计与制造的方案, 并通过其他技术使方案得以实施和完成的技术。先进设计技术使产品设计建立在科学的基础上, 在设计范畴方面, 从单纯的产品设计扩展到全寿命周期设计; 在设计的组织方式上, 从传统的顺序设计方式过渡到并行设计方式; 在设计手段上, 从传统的手工设计向计算机辅助设计过渡并应用计算机网络技术发展。

(2) 三维交互式虚拟产品定制。

定制 (Customization) 的基本思路是基于产品或服务的相似性、通用性, 降低产品或服务的内部多样性, 增加顾客可感知的外部多样性, 通过过程重组使内部程序标准化或模块化, 从而迅速向顾客提供低成本、高质量的定制产品。三维交互式虚拟产品定制是以三维可视化为基础的, 顾客是否定制产品很大程度上取决于产品形态是否能够吸引顾客的注意力。同时, 顾客能否实时体验他们选择的产品的结构和外形也影响顾客是否会最终定制。

(3) UE 虚拟产品前期定位技术。

通过 3DMAX 或 MAYA 等计算机设计软件将 3D 产品模型输出成中间交换文件格式并置入专业 3DVR 软件中进行场景设置、交互编辑以及在需要说明的地方加入文字介绍等,输出成可交互的 3DVR 文件。同时对反馈的 UE 数据库数据进行 UE 评价指标转换,依据转换结果对 3D 产品模型进行实时修正并通过 UE 数据库反馈用户直至最终确定产品设计的预期目标定位。这样,不但用户可以从不同角度真实详细了解产品的外在和内在特性,设计者也可以通过网络三维技术与用户交流,保证设计思维的忠实传递。不同于以往需制作产品实物模型进行用户使用测试,通过计算机交互技术和用户体验(UE)的结合,可在虚拟环境中对产品设计各种体验要素进行实时精确控制,减少了大量现实的修改工作并可以实现实时的动态调整,在得到较为准确合理的设计定位后再投入实体设计,使设计更加具有目的性和预见性,后期的产品实体设计更接近和符合目标用户及市场的要求。

4.边支撑体系

(1)敏捷柔性的生产制造系统。

敏捷制造(Agile Manufacturing)这一概念是 1991 年美国里海(Lehigh)大学亚柯卡(Iacocca)研究所提出的。它是信息时代最有竞争力的生产模式,在全球化的市场竞争中能以最短的交货期、最经济的方式,按用户需求生产出用户满意的具有竞争力的产品。敏捷制造具有灵活的动态组织机构:它能以最快的速度把企业内部和企业外部不同企业的优势力量集中在一起,形成具有快速响应能力的动态联盟,采用先进制造技术快速地生产出所设计的产品。

(2)数字信息网络。

互联网(Internet)迄今为止的发展,完全证明了网络的传媒特性。一方面,作为一种狭义的小范围的、私人之间的传媒,互联网是私人之间通信的极好工具。另一方面,作为一种广义的、宽泛的、公开的、对大多数人有效的传媒,互联网通过大量的、每天至少有几千人乃至几十万人访问的网站,实现了真正的大众传媒的作用。

(3)实时交互平台。

数据工具平台(Data Tools Platform)简称 DTP。在产品设计过程中,大量数据交换形成一个庞大的网域。将来自前端设计部门的各类不同软件平台的设计数据迅速转换为通用交换格式以供各周边应用体系(敏捷生产制造系统、虚拟产品展示系统)使用形成产品样品,同时将来自终端用户的需求转换为参考数据迅速反馈给设计人员,这对于实现产品设计的快速响应能力具有至关重要的作用。DTP 可以为设计部门的人员提供图形用户界面的访问,其他人则直接通过命令。例如,用户(包括开发人员和管理员)通常会创建、修改和测试数据库中的产品设计客户端文件,完成后通过 DTP 格式代码转换发送至 CAM/AM 系统,极大地提高了生产力。

（4）基于交互式用户体验的产品设计前期定位的系统。

整合与功能实现基于交互式用户体验的产品设计前期定位通过计算机交互技术＋UE 设计＋典型产品 VR 模型 +UE 标准数据库 +UE 评价指标转换模型进行系统整合，实现产品设计预期目标定位的系统功能。通过 3DMAX 或 MAYA 等计算机设计软件将3D 产品模型输出成中间交换文件格式并置入专业 3DVR 软件中进行场景设置、交互编辑以及在需要说明的地方加入文字介绍等，输出成可交互的 3DVR 文件。同时对反馈的UE 数据库数据进行 UE 评价指标转换，依据转换结果对 3D 产品模型进行实时修正并通过 UE 数据库反馈用户直至最终确定产品设计的预期目标定位。这样，不但用户可以从不同角度真实详细了解产品的外在和内在特性，设计者也可以通过网络三维技术与用户交流，保证设计思维的忠实传递。

总之，基于交互式用户体验的产品设计前期定位是一种集设计企业、用户、制造商、员工和环境于一体，在系统思想指导下，用整体优化的观点，充分利用企业已有的各种设计资源，在标准技术、现代设计方法、信息技术和先进制造技术的支持下，根据用户的个性化需求，以低成本、高质量和高效率提供前期定位的产品设计方式。其基本思路是基于产品族零部件和产品结构的相似性、通用性，利用标准化、模块化设计等方法降低产品的内部多样性，增加用户可体验的外部多样性，将产品定制设计转化或部分转化为零部件的标准化设计，从而向用户提供低成本、高质量的产品设计方案。这种基于交互式用户体验的产品设计前期定位方式包括了诸如时间的竞争、精益生产等管理思想的精华，其方法模式得到了现代生产、管理、组织、信息、营销等技术平台的支持，因而可能具有超过以往设计模式的优势，可能更能适应网络经济和经济技术国际一体化的竞争局面。

第二节　用户体验

随着社会经济形态的发展，人类迈入了体验经济时代。在消费物质产品的基础上，消费者更加关注的是一种感觉，一种情绪上、智力上甚至精神上的个性体验。作为时代经济、科技和人文精神承载物的产品（包括硬件产品和软件产品）设计，也越来越关注用户体验。用户体验设计（User Experience Design, UED）近年来受到了 IT 界和设计界的广泛关注，它是一项包含了产品设计、服务、活动与环境等多个因素的综合性设计，每一项因素都是基于个人或群体需要、愿望、信念、知识、技能、经验和看法的考虑。

在这个过程中,用户不再被动地等待设计,而是直接参与并影响设计,以保证设计真正符合用户的需要,其特征在于参与设计的互动性和以用户体验为中心、以提供良好的感觉为目的。

然而 UED 是在一定的社会情境下完成的。UED 是基于社会情境的一种活动,其功能的实现是通过使用者在特定的社会文化情境中进行广泛的符号联系来进行的。抽空了情境的用户体验是空洞的、无意义的,只有将它放到一定的情境中,用户体验才有意义。情境不同,用户的情感和行为都不一样,这直接影响到 UED 的成败。

本书从手机界面设计出发,对基于情境的 UED 进行研究,提出 UED 学科知识和情境维度,以及基于情境的 UED 人机系统模型,并以某手机英语移动学习软件设计为例进行了验证。

一、相关工作

1. 用户体验设计

用户体验包括用户与产品在整个生命周期内互动的整体体验。对于产品生命周期的商业价值实现来说,用户体验是产品成功与否的关键,这里的体验包括产品和由产品产生的服务与用户互动所产生的所有体验。用户体验的概念最早兴起于 20 世纪 40 年代的人机交互设计领域,以可用性(Usability)和以用户为中心的设计(User-Centered Design, UCD)为基础。在 ISO 9241-11 可用性指南中,把可用性定义为产品在特定使用情境下被特定用户用于特定用途时所具有的有效性、效率和用户主观满意度。但是可用性概念本身的模糊性和情境依存性依然存在,为了产品的可用性目标,UCD 是业界目前常采用的方法。UCD 已被国际标准化组织(ISO)作为正式标准,以人为中心的交互系统设计过程而发布,其主要特征是用户的积极参与,在设计中可以邀请用户对即将发布或已经发布的产品以及设计原型进行评估,并通过对评估数据的分析进行迭代式设计直至达到可用性的目标。在学术界,Garrett 认为用户体验包括用户对品牌特征、信息可用性、功能性和内容性等方面的体验;Norman 将用户体验扩展到用户与产品互动的各个方面,提出了本能层、行为层和情感层理论;Leena 认为用户体验包括使用环境信息、用户情感和期望等内容。在产业界,苹果公司一直以来都是公认的 UED 领域的领跑者,无论是软件开发还是硬件设计,苹果公司都十分关注用户体验,体现了以人为本的设计思想。UED 在其他 IT 及家电产品企业,如 IBM, Microsoft, Nokia, Motorola, HP, EBay, Philips, Siemens 等都有十几年甚至更长时间的实际运用历史,相应地建立了几十人到几百人规模的部门。随着信息技术日益深入地融入人类社会和面向大众,UED 在自身的不断发展和完善过程中,在工业界越来越得到了广泛的应用。在国内,华为、阿里巴巴、联想、网易、腾讯、海尔、新浪、UT 斯达康、中兴和道富等企业和一些银行系统也纷纷成立了 UED 部门。作为一门新兴学科,UED 的发展吸取了多个学科的知识,主要包括面向人的学科、面向设计的学科和面向技术的学科。面向人的学科包括心理学、生理学、社会学、文化学、语言学、哲学和美学等方面的知识;面向设计的学科包括工业设计、艺术设计、数字媒体设计和动画设计等;面向技术的学科主要指计算机科学与技术,涉及人工智能、图形学、软件工程、人机交互和数据库等技术。不同的应用领域对于 UED 所要求的研究方法有所不同,如建筑设计和环境设计中的用户体验等。国内外的研究虽然已经取得了许多成果,完成了许多应用软件的开发,但是还没有给出一种较好的方法来指导 UED。本书研究了基于情境的 UED 方法,为用户界面开发设计提供一定的参考。

2. 基于情境的设计

情境是一些故事,是关于人及人活动的故事,包括物理情境和虚拟情境。从产品信息编码、解码的角度来看,情境可以分为产品设计情境和产品用户情境。产品设计情境是设计者运用相关领域知识进行设计活动(产品信息编码)时的语义情境,包括设计领域专门知识构成的知识基础和设计者采用的求解方法;产品用户情境是用户运用相关生活经验和审美体验等进行产品认知(产品信息解码)和使用其功能时的语义情境。

基于情境的设计是一种以情境为核心的系统设计方法,它将用户包含在系统设计中,从用户出发详细地给出交互过程的全部角色(人、设备、数据源和系统等)、各种情境的假设、剧情的描述以及某种形式的人机对话,为系统设计的参与者提供了大量的共享知识和信息,设想系统使用者未来可能的任务。基于情境的设计方法提供了一种有效的交流和设计手段,帮助设计者充分了解用户意图,正确表达和实现设计目标,并指导用户的使用。较早使用情境方法的是 IBM 公司为洛杉矶奥运会开发的语音消息系统,此后情境以各种形式出现在软件开发中。SATO 等提出了交互系统设计的情境感知方法,以模块化的情境组成为机制,以设计信息框架作为共同的信息平台来整合不同的信息表达格式,通过组合模块化的情境和上下文内容模型来显性化地表示上下文、触发因素以及对用户的影响。谭浩等从认知心理学出发,提出包含问题情景、求解情景和解情景的设计情境概念,建立了基于案例推理的工业设计情境模型,并以数控机床为设计对象进行了验证。WU 等利用产品知识库,提出了一种基于案例的模糊推理技巧以产生新的产品,其中运用了产品使用情境的特征。SURI 和 MARSH 提出了讲故事的人机工程方法,通过情境构建来分析产品设计过程,并以实际设计案例对该方法进行了阐述,这一方法对于产品设计的最初阶段行之有效。潘旭伟等提出了集成情境的知识管理模型,它由知识情境、知识过程和知识主体组成,构建了基于集成情境的知识管理系统体系结构,实现了知识和知识过程与情境的集成。罗仕鉴等以知识为基础,提出了知识驱动的产品设计情境方法,并以眼镜设计为例进行了验证。情境构筑和用户体验建模是使用情境设计方法的基础,好的方式可以让系统设计的参与者更方便地进行交流,提高设计的效率。本书针对手机界面设计的特性,将用户结合起来,提出使用文本、图形和声音共同描述界面设计场景,并给出情境树和界面情境来进行开发设计与设计测试。

3. 用户体验设计中基于情境的原型法

原型法是在系统开发过程中快速实现一个原型,让用户与开发者在试用原型过程中加强通信与反馈,通过反复评价和改进原型增进了解,弥补遗漏,直到基本满足用户的要求,进而完成系统开发,最终提高软件质量。原型法具备了最终系统的部分重要功能,它并不是摒弃生命周期法中的可行性研究、系统分析和系统设计等手段,而是改变了过分强调阶段划分的传统方法。原型法有抛弃型和继承型两种模式,继承型原型法也称快速原型法,是目前较为常用的一种方法。

基于情境的原型法是指在软件开发过程中,开发人员始终以用户在使用待开发软件系统的实际情境作为系统分析、设计和测试评估的基础,定义软件开发过程和软件系统的功能及约束。开发人员将与软件系统相关的用户情况、硬件环境、软件接口等隐性需求和软件功能所对应的业务流程创设成一个形象化的情境,分析其合理性和必要性,让设计出的软件产品更加符合用户的需求。原型法强调用户的参与、描述、运行与沟通,使得用户在系统生命周期的设计阶段起到积极的作用;将模拟的手段引入系统分析的初始阶段,沟通了用户和开发人员的思想,缩短了他们之间的距离;摆脱了传统的方法,充分利用最新的工具减少了系统的开发时间和费用,提高了效率。但它要求管理基础工作完整、准确,一般适用于小型、不复杂的系统。本书在界面开发过程中,让用户参与进来,不断运用基于情境的原型设计方法对设计方案进行研究、设计、评估测试和改进。

4. 用户体验设计的情境维度

情境维度是对情境的进一步细分,是影响设计决策、设计思维表达和设计行为的因素,不仅是设计发生的载体,还进一步影响到用户体验设计成败的能力。从用户体验设计流程来看,用户体验设计的情境可以分为三个维度,即问题情境、求解情境和结果情境,事实上,这三个情境维度没有明显的界线,有些过程是相互关联、相互交叉和反复进行的。

(1)问题情境。

问题情境描述了设计开始之前产品的市场问题和设计分析,包括资料收集和分析、情境构筑和用户体验建模等。资料收集和分析是设计最前端的任务,包括可行性分析、任务分析和用户分析。可行性分析要调查直接或潜在用户的界面要求和使用环境,同时兼顾调查人机界面涉及的硬、软件环境;任务分析主要从人和计算机两方面入手,进行系统的分析并划分各自承担或共同完成的任务,然后进行功能分解,制定数据流图,勾画出任务网络;用户分析主要调查用户类型,定性或定量地测量用户特性,了解用户的技能和经验,预测用户对不同界面设计的反应。情境构筑即将用户置于一定的真实或者模拟环境中,让用户完成某种任务,观察和评价用户完成任务的绩效等。情境的构筑方法通常有如下几种:文本、图形、故事板、录像、脚本原型和场景等。具体的设计流程可以概括为:先了解用户的个性特征和用户故事,即需要什么,想做什么;拟定情境背景中角色、时间、地点、事件,用快照的方式来展现不同的时间和地点、用户与产品发生的关联分镜头;通过不同的场景分镜头研究用户在使用产品时遇到的问题,提出解决问题的办法,建立相应的用户体验模型。用户体验建模包括任务模型、用户模型和产品定位。任务模型是任务分析的结果,从逻辑上描述了特定应用领域内用户为了实现目标所需要执行的交互活动的集合,主要包括任务、任务之间的时序关系和层次关系三个方面;用户模型主要用来描述用户的基本信息,定义用户的角色和属性,包括个人背景、文化因素、行为方式、审美时尚和心理特征等,通常用来指导设计者根据用户的实际情况灵活选择用户体验的设计方案,并使得最后的设计结果真正满足用户体验的需求;产品定位则是分析竞争对手、产品功能、特性、获利点、用户的期望和开发成本以后确定的产品研发策略。

（2）求解情境。

求解情境描述了设计问题解决过程中的情境总和,从概念设计、原型设计、详细设计到产品实现包含了诸多因素,是影响产品设计成败最关键的环节。求解情境需要用户的全程参与和反复的可用性测试,也是信息架构与设计最繁琐的过程。概念设计包括功能设计、概念模型和交互设计,主要用于早期的概念验证、用户培训和功能模型测试等。原型设计包括低保真原型系统设计和高保真原型系统设计。在经过概念设计后需要开发出一个满足系统基本要求的、简单的、可运行的原型系统给用户和相关人员试用,让他们进行评价并提出改进意见,以便进一步完善用户体验的需求和系统设计。详细设计包括视觉界面设计和软件开发。视觉界面设计包括角色设计、图标设计、菜单界面设计、屏幕显示和布局设计等;软件开发主要考虑选择开发平台,系统的开放性、经济性和可维护性等。最终的产品还包括帮助、出错信息设计、软件说明、包装设计、软件标准和视频处理等。

（3）结果情境。

结果情境描述了设计结果的情境,包括设计测试和产品发布等。设计测试主要基于主观调研分析和客观计算,借助一定的软件系统和仪器设备等实验条件(如眼动仪、实时监控系统和行为分析系统等)分析、综合得到,用以评估用户的体验。设计测试主要分为软件测试、可用性测试和感性评估三类,测试方法包括问卷调查、观察法、访谈、用户日记、表情研究、模拟使用者行为、启发式评价、眼动分析、用户测试、认知走查、GOMS 模型、概率规则文法、口语报告和焦点小组法等。可用性测试的理论体系和方法比较成熟,Nielsen 将可用性测试归纳为易学性、效率性、一致性、容错性和满意性五个指标,优化人与产品的交互方式,使得人们能更有效地进行工作和学习。经过测试满足要求的产品才能进行发布,走向市场,但在后期还需要进行维护和完善。

5. 基于情境的用户体验设计人机系统模型

用户体验的存在过程就是产品系统内外要素互相影响、联系和作用的交互过程,而产品的要素和特征正是产品内外部因素之间因交互的需要而产生的,这种交互过程即为产品存在的情境。UED 的本质特征在于协调人—产品—环境所组成情境的人机系统动态关系,为人们创造多重和谐结构关系的生活方式。对使用方式的情境描述主要集中在使用产品的过程中人与环境和社会的动态关系,这种关系包括人与使用环境(使用场所和时间)、人与人(各自的角色与地位)、人与产品(感受和互动)、产品与产品(相互作用与影响)等多重结构和互动(如图 4-3)。

虚拟环境作为一种新的信息展现形式,提供给用户一种丰富的感知体验,使用户可以在一个具有真实感的虚拟三维空间中进行诸如学习、探索和娱乐等活动。其中,实现用户和虚拟环境之间自然而高效的人机交互是虚拟现实技术成功应用的一个关键。与传统二维用户界面相比,用户在三维用户界面中需要控制的自由度增加为 6 个,交互复杂性也随之提高。另外,与真实环境相比,用户在虚拟环境中由于缺乏必要的深度线索以及触觉反馈和物体重力等物理感知能力,直接操纵虚拟对象往往是困难的,也是不自然的。目前的虚拟现实技术在应用方面还不够深入和实用与这些问题有直接的关系。因此,需要在以下两方面对三维交互技术深入加以研究:

图 4-3

① 提供自然的或直接的交互能力。

② 针对每种交互任务提供直接而有效的反馈。

从已有的三维交互技术研究来看,大部分工作是从任务和子任务实现角度以及自由度控制方面进行的,如选择、缩放、旋转和平移等,主要考虑的是交互设备和交互任务的特点,虚拟场景和虚拟对象只在较低的几何层上参与交互任务的执行,没有明确参与到面向应用的高层交互语义的实现过程中。根据认知心理学,我们在真实环境中与实际物体进行交互时,大量地应用和借助了物体的"供给(Affordances)"属性以及相互之间的约束信息,例如门具有开、关两种状态,并有开门、关门两种功能,在门处于"开"状态时,只能进行"关"操作等。如果将这些信息应用到虚拟环境中,也就是建立虚拟对象的高层语义,使其不仅具有外观的几何属性,而且包含本身的操作信息和反馈线索,那么,虚拟对象就可以有效地辅助交互任务的完成,从而实现更为高效和自然的交互范式,同时,不仅为不同交互任务而且也为不同操作对象提供自然的反馈。本书从交互语义和交互技术相结合的角度进行研究,通过分析虚拟环境中的语义信息,建立虚拟对象的交互语义,实现了基于语义对象的导航和选择操作技术,旨在建立一种面向应用的高层交互隐喻。

二、相关研究

虚拟环境下,面向通用任务的三维交互技术分为导航(Navigation)、选择/操作(Selection/Manipulation)和系统控制(System Control)3 个方面,它们分别完成视点变换、对象选择和操作以及系统参数设置等功能,其中,前两项直接用于实现用户的交互任务。在一个复杂的三维用户界面中,我们可以把交互任务的实现结构划分为 3 个具有显著特点的层次:

① 底层几何模型。

② 直接操纵隐喻层。

③ 面向高层语义的交互隐喻层。

其中,几何模型层提供用户在虚拟对象被操作时的可视反馈,包括整体或部分的平移、旋转、变形以及材质、纹理、颜色等几何属性的变化;直接操纵隐喻负责定义用户怎样与虚拟对象进行交互,包括选取、点击、拖动、旋转等功能,它通过调用几何模型层的变换来实现;而面向高层语义的交互隐喻层允许用户实现更为复杂的交互任务,如在虚拟场景中指定路径进行漫游,这些任务是面向高层应用的,它们不容易通过单个的直接操纵来实现,需要由多个直接操纵层的动作序列组合完成,这一层能够体现更自然的交互过程和更直观的反馈效果。目前已有的交互技术主要集中于几何模型层和直接操纵隐喻层的交互控制,通常把交互动作划分为选择(Selecting)、定位(Positioning)、旋转(Rotation)等步骤,对虚拟对象和视点的操作,通过一定的交互隐喻映射为这些基本动作来实现。而面向高层语义的交互任务通常根据特定应用需求,通过复杂的编程来实现。为了更好地实现以用户为中心的交互过程,交互技术应该使用户和设计人员能够面向更高层的交互控制,尽可能屏蔽底层的实现细节,从更高层次上对交互技术进行优化。有些研究工作在这方面进行了初步探索,例如:利用场景的深度采样设计了敏感的飞行导航技术,根据场景大小和缩放比例,合理地调整漫游速度;以对象为中心的导航技术,通过对象命名和外表面定义,使视点按照用户意图自动变换到虚拟对象的不同侧面方向上;虚拟环境中,引入对象之间空间约束的操作技术,探讨了采用简单设备实现复杂操作的方法等。这些工作都或多或少地利用了一些交互场景和交互对象的特征属性来辅助交互过程,提高系统的交互能力。总之,从支持面向应用的高层语义角度提高三维交互技术的性能,通过封装虚拟对象的交互语义,实现直接操纵之上的高层交互隐喻,利用虚拟对象的语义约束和行为动作,辅助交互技术完成更高层的交互任务,使用户通过简单操作就可以完成复杂交互过程。

1. 虚拟对象的交互语义

认知心理学认为:知识不仅存在于人脑中,而且也存在于外部世界的对象中,人类对世界进行感知和认知以及决策是通过这两种知识的结合进行的。这对人机交互系统的设计具有重要的指导意义。在虚拟环境中,用户操作的界面元素是场景中的虚拟对象,从完成交互任务的角度来看,这些对象不仅具有外观上的几何属性,而且也包含了与交互有关的语义属性。

(1)语义对象。

语义对象的概念在以前的交互系统研究中已经有所提及,例如,可伸缩用户界面Jazz中提出的"信息透镜"概念,界面对象根据视图的不同缩放比例,显示不同的外观信息;Ben Shneiderman在信息可视化系统中提出的"按需提供细节(The Mantra of Detail on demand)"的技术;Bowman等人在IRVEs中提出的语义对象(Semantic Object)概念,对象根据它被感知的距离确定其不同显示特性。我们从实现面向语义的高层交互隐喻的目标出发,提出虚拟环境下语义对象的概念。语义对象是指虚拟场景中那些用户可感知的物体或对象能够根据一定的规则对交互事件进行响应和反馈,并执行特定交互任务,它们的属性不仅包括外观几何信息,而且包含交互上下文的语义信息,一个语义对象由图形构件(Graphics Component)、行为构件(Behavior

Component)、规则构件(Rule Component)、交互构件(Interaction Component)和应用构件(Application Component)构成。图形构件表达虚拟对象的外观几何模型信息,包括形状、颜色、材质、纹理等属性以及动态特征,如动画。在交互过程中,对象的几何模型与对象的行为相关联,不同行为产生不同的可视反馈。为实现高层交互语义,需要对图形构件进行更高层的抽象,把它看作一个"黑盒",它所接收的输入不仅包含简单的几何变换指令,而且包含复杂的交互行为指令,使语义对象能够方便地响应更复杂的交互操作。语义对象的图形构件除了提供几何信息的反馈以外,还可以提供包括语音等的反馈线索,它们在交互中处于同一层次。行为构件表达虚拟对象的各种行为,这些行为描述了语义对象对用户交互动作和对象状态变化的响应,如鼠标点击一个对象变为选中状态,这个状态变化,通过可视的外观变化和声音来体现。同样,为支持高层交互隐喻,语义对象的行为可以由一系列简单行为组合而成,实现更大"粒度"的行为动作。在交互过程中,行为构件通过调用图形构件的功能来执行对象的行为。规则构件表达虚拟对象的交互规则和约束,这些规则和约束用来确定对交互事件的响应行为,包括是否响应事件以及如何响应事件。例如,对象只有被选中后才能进行操作,门在打开后才能进行关的操作等。另外,规则构件中还包含某些特定的供给属性,这些属性描述虚拟对象是否具有某些交互特性,例如,路面具有"行走"供给,用户通过特定的三维手势可以在路面上指定漫游路线,而水面没有这种"行走"供给,不支持化身在水面上行走的交互操作。

交互构件表达语义对象可以响应的交互事件和对应行为。用户的交互操作转化为系统接收的输入事件,并分发给语义对象,交互构件解释这些交互事件的语义,确定对象需要产生的动作和行为,将这些对象行为通知给行为构件执行。语义对象除了具有几何意义上的行为外,还可能包含面向应用的任务,这些应用任务在应用构件中加以表达。交互构件除了能够处理点击、拖拽等基本交互事件外,还能处理更为复杂的交互操作,如三维手势等,通过对这些复杂操作的支持,建立更高层的交互隐喻,实现用户意图与应用任务之间更为直接的映射。应用构件表达与语义对象关联的应用任务,语义对象是这些高层任务的可视化表达。用户与虚拟环境交互的目的,就是执行这些应用任务,也是面向语义的高层交互隐喻要表达的用户意图。应用构件中的应用任务由交互构件触发执行,图形构件提供视觉和听觉等方面的操作线索和交互反馈。语义对象在对交互事件进行解析的过程中,各个构件通过通信进行配合,实现从输入"事件"到输出"反馈"的流程。构件之间的通信包括命令(Command)和响应(Response)两类:命令是指功能调用或状态、规则等的查询;响应是指对象的状态、行为、规则或约束等信息的反馈。例如,交互构件向行为构件发送查询命令以获取对象当前的状态,行为构件收到命令后,向交互构件反馈状态信息,交互构件根据状态信息确定执行的交互行为。再如,交互构件和规则构件之间,通过规则调用进行交互事件的分析和推理,实现复杂交互操作。虚拟架子鼓是一个语义对象,它在应用语义上对应一个架子鼓的学习场景,由应用构件来描述和封装;行为构件指定它的多个交互状态(如非激活状态、激活状态和执行状态等)以及状态转换行为;在不同状态下,架子鼓对象有不同的几何外观(如形状、材质和纹理等)和声音反馈(演奏架子鼓的音乐),这些由图形构件来实现;交互构件表达用户对虚拟架子鼓(如图)的不同交互操作(如靠近、触摸、打击等),交互隐喻将鼠标的移动、拖拽、点击等事件映射为具有语义的交互操作;这些交互操作有特定的触发条件和约束,例如,用户与架子鼓的距离较远时,不响应用户的操作,激活后才响应用户的操作等,这些交互规则由规则构件来表达(如图 4-4)。

(2)语义对象的交互行为。

虚拟对象的语义由一系列事件、规则、状态和行为构成,事件由用户的交互动作触发。通过观察和分析,我们将触发交互事件的行为分为两种:用户手势操作(Gest Opt)和化身位置感应(Position Rps)。Gest Opt 是指用户在虚拟对象上进行各种交互操作,简单的如鼠标点击、移动、拖动等,复杂的如三维手势等。Position Rps 是指虚拟场景中用户化身的位置变化,这个位置变化可以改变虚拟对象的操作状态,如对象在化身可操作范围内时处于"可操作"状态,离开操作范围后变为"不可操作"状态。在虚拟环

图 4-4

境中,语义对象响应用户的 Gest Opt 操作时,执行的行为依次描述如下：Check Object State,查询对象当前的状态 State Val,如果 State Val 为 true,则允许操作,否则拒绝该操作；Set Object State,设置对象的状态 State Val 为 false,使其不再接收这样的交互操作；Do Gest Opt,解析和处理这个交互操作的有关参数 Params,提交给对象的相关构件；Do Behavior,根据 Params 执行相应的对象行为,实现交互反馈；DoApp Task,执行与对象相关联的应用任务。

语义对象对 Position Rps 的响应可以认为是一种主动行为,此时,用户和虚拟环境之间进行的是隐式交互,语义对象通过这种响应机制,可以主动感知交互上下文的变化,实现更为"聪明"的行为。

2. 基于语义的三维交互技术

在虚拟环境中,语义对象从交互控制和交互反馈两个方面来辅助交互技术的实现,以提高其交互能力和反馈效果。下面,分别从导航和选择/操作任务实现中探讨基于语义的三维交互技术。

(1)利用语义对象实现导航技术的融合。

虚拟环境下的导航类型可以划分为有/无目标的导航、是/否指定路径的导航、用户驱动的导航和自动导航等。这些导航方式和导航技术各有优缺点,适合于不同的交互任务需求。融合多种导航模式可以更好地适应用户的不同导航需求,提高导航效率,增加用户满意度。多种导航技术融合的关键是实现"优美"、平滑的转换和连续、一致的反馈,也就是让用户能够在不同导航隐喻之间自然过渡。如果通过系统控制方式进行切换,例如像 VRML 浏览器那样使用操作按钮进行变换,将使导航过程产生明显的不连续感,增加用户操作的复杂性。而利用语义对象来辅助导航操作,通过对高层交互语义的解析和推理来感知用户意图,可以实现多种导航方式之间自然的转换。下面,我们分别对每种导航技术的实现和相互转换进行讨论。

① 存在化身的用户驱动导航技术。

用户驱动的导航 (User-Driven Navigation) 技术的特点是,视点位置和方向的变化由用户通过输入设备控制。在桌面虚拟现实 (Desktop VR) 中,鼠标前后移动映射为视点前进和后退,鼠标左右移动映射为视点方向的左右转动,变化速度由鼠标移动速度决定。为弥补 Desktop VR 下用户临场感的不足,我们在场景中设计和引入一个卡通形象作为用户化身 (Avatar),由化身代表用户在场景中漫游和操作。用户通过鼠标或笔来控制化身的运动,视点位置和方向跟随化身一起变化,这样的观察视图结合了第一人视点和第三人视点,既利于用户对虚拟场景的完整理解,也更容易感知自己所处的空间位置。

在用户驱动化身导航的过程中,化身作为一个语义对象捕捉用户的交互手势,通过解析手势的交互语义,感知和理解用户的导航意图,例如,用户在化身背后做"向前推"的手势时,化身将在虚拟环境中向前行走,推的范围越大表示推力越大,化身的前进速度也越快。在响应用户导航操作的同时,化身的行为构件执行对应的动画行为,模拟真实世界中人的某些运动行为,如站立、行走以及前进、后退、左转、右转等。另外,化身在虚拟环境中漫游时,系统采用了地表跟踪和碰撞检测技术,以模拟真实环境中的重力作用和碰撞效果,使化身和视点始终沿着地表运动,并根据地形调整身体姿态和视角。这些复杂导航技术不需要额外的交互操作,由系统在内部完成相关计算,用户通过相对简单的操作便能实现复杂的导航过程。这样,系统借助用户化身的语义行为,实现了更为简单、自然的交互隐喻,使控制导航的交互过程变得更为直观和易于理解,化身外形和动作变化提供了自然的操作反馈。另外,通过化身作为交互线索,触发和解除这种导航方式也比较直观。

② 基于路径规划的自动导航技术。

基于路径规划的自动导航技术是指在导航过程中,视点位置根据预先规划的路径自动漫游到目的地。与用户驱动方式相比,用户控制目标位置但不具体提供导航动力。在导航目标明确的情况下采用这种方式,用户的工作负荷(Workload)比较低,导航效率也相对较高。根据用户导航时选择的目标类型,可以把路径规划分为两种情况:一种情况是固定路径的自动导航,导航的目标位置明确、固定。例如,在儿童娱乐城中,从学习室漫游到音乐室时,导航路径在系统中提前预设,漫游目标通过场景中的特殊语义对象——可视化路标来选择,用户在这些路标上操作时,由路标对象解释用户的交互语义,并触发自动导航过程,化身和视点沿设定的路径自动漫游。另一种情况是基于动态路径规划的自动导航,用户在场景中动态地设定漫游目标和路径。与前一种自动导航方式相比,它只需用户粗略地给出目标位置,导航目标的设定更为灵活,适合于大距离快速漫游。这种导航技术的实现是以语义对象为基础的。例如,用户必须在地面等具有支持"行走"这种语义属性的虚拟对象表面上设定导航路径,没有这种语义属性的对象(如水面),不支持路径规划的交互操作。

(2)语义对象的选择/操作技术。

在虚拟环境中,对象的选择/操作往往采用直接操纵(Direct Manipulation)技术。这样的操作方法具有直观、自然的特点。然而,在某些复杂操作情况下,需要用户执行多个操作动作才能完成某个交互任务,使得对虚拟对象的操作费时、费力。另外,由于虚拟环境下通常缺少触觉或力觉反馈,也使得真实环境中看似简单的操作在虚拟环境中并非特别容易执行。为了克服直接操纵技术的这些弱点,三维交互技术不应该仅仅模仿现实,而是要超越现实,合理地减少完成操作任务需要的动作数量,降低用户的工作负荷,提高交互效率。我们利用语义对象对直接操纵行为进行组合和封装,根据交互语义构置虚拟对象对应的不同行为序列,实现更高层的操作隐喻。

在用户选择或操作虚拟对象时,通过输入设备控制化身的虚拟手来产生交互行为GestOpt,交互过程中的参与者包括操作者和被操作对象,这两者联合一致的交互反馈,有利于交互动作的执行和评估,如同在二维用户界面中鼠标操作按钮时,两者的外观状态同时发生变化给用户以提示。手的形状和动作根据用户的操作和任务的执行状态而发生变化,如触摸、抓取、释放和前推等,这些行为采用形象的卡通方式实现,为用户提供一种直观的操作线索。与此同时,场景中被操作的语义对象根据交互规则对 GestOpt 进行解析,得到它的交互语义,然后由行为构件执行对象的交互行为,这些行为往往是多个几何变换的并行或串行组合。用户的操作按时序划分为接近、选择、操作中、操作后等阶段,在每个阶段虚拟对象都有相应的状态和行为作为交互反馈。除了视觉反馈以外,还增加了听觉反馈,通过多种感知信息的变化来提高反馈效果。这样,通过对高层交互语义的封装和解析,可以弥补 2D 设备在 3D 交互中操作自由度的不足,使用户可以通过简单的操作完成复杂的交互任务。

3. 面向语义的三维交互系统实现

(1) 语义模型。

虚拟场景的组织结构采用场景图(Scene Graphs)形式。场景图是一个树形结构,根节点代表整个场景,子节点表示场景的各个组成部分。每一个节点由一个对象实现,所有这些对象的几何属性聚合在一起,构成了三维用户界面的"物理"模型。而这些对象的交互语义则构成界面的语义模型,语义模型服务于用户界面交互性的表达和实现。语义模型可以认为是具有特定应用含义和特定组织形式的场景构成模式,通过这种模式,用户界面可以方便地表达和处理不同应用语义,从而较好地解决场景图对交互语义处理能力不强的问题。

在加入语义模型概念后,一个虚拟场景所包含和表达的信息可以分为下面两部分:

① 语义信息,在语义方面具有特定的词法结构和逻辑规则以及动态执行结构,与交互直接相关。

② 可视化信息,可使人以观察、浏览和编辑的形式展示语义信息,也即用可感知的方式来表达虚拟场景。

通过语义模型可以实现应用任务、用户意图、界面元素和交互行为这四者之间更为直观的映射,系统也更容易捕捉用户的交互意图。

(2) 语义的解析和实现。

在交互语义的解析和执行过程中,场景图在逻辑上被分为语义层和可视层:语义层实现交互事件的解析和应用语义的执行;可视层根据交互语义实现虚拟场景的几何变化。

① 系统接收到用户的交互操作后,首先将其转化为交互事件。

② 交互事件被分派到场景图中,通过对场景图节点的遍历,来确定响应该事件的节点即语义对象。

③ 语义对象对交互事件进行语义解析,确定所请求的交互任务。

④ 执行交互任务,由语义对象的行为构件和图形构件共同完成场景图的可视变化(另外,在交互任务的执行中,有时也需要其他语义对象的配合,由执行引擎激活相关联的其他场景图节点,执行关联的交互行为。例如,场景中相邻近的两个路标,在化身接近后同时变为可选状态,在其中一个被选中后,另一个要回到不可选状态)。

⑤ 最后执行应用任务,由应用构件触发语义对象关联的应用任务。

在系统实现中,交互语义通过 XML 文档来描述,系统运行时读取这些语义信息,建立场景图的语义模型,用户可以灵活配置和修改界面元素的应用语义。场景图的遍历采用 Visitor 模式。它是一种双分派(Double Dispatch)机制,通过在访问者和被访问者(接受操作的元素)之间指派操作类型,来确定要执行的具体操作。通过这种双分派机制,可以方便地构造虚拟对象的不同交互行为,从而使一个交互任务由用户的交互动作和场景对象的应用语义共同确定和触发。应用任务通过语义对象绑定的回调(Callback)来指定,Callback 本身也用一个对象类封装,作为场景图节点对象的一个属性。

小　结

本章详细说明了人机交互与计算机的关系,总结了人机交互的发展历史,即从人适应计算机到计算机不断适应人的发展史。人机交互技术发展日新月异,也为工业设计、产品设计等设计领域提供了新的发展思路,长期以来我国的经济发展以传统制造业和加工业为主导,缺乏自主品牌,基于交互式用户体验的产品设计可以有效规避一些常见问题。同时,通过对现有三维交互技术的分析,提出了面向高层语义的交互隐喻,利用语义对象辅助完成三维交互任务,从用户角度屏蔽三维交互技术实现中的底层细节,使用户更加专注于执行高层交互任务。从交互实现角度建立了语义对象的多构件结构,这些构件分别对交互事件、语义规则、对象行为、几何模型和应用任务进行封装,实现高层交互语义的解析。借助场景中的语义对象,不同交互技术和操作模式之间实现了自然的融合和平滑的切换,提高了交互效率和用户满意度。从系统设计和实现角度看,三维用户界面不仅包括外观几何模型,还包括交互语义模型,语义模型实现交互中应用语义的解析,结合场景图讨论了语义模型的组织和实现,从软件体系结构上增强对高层交互语义的支持。

当前互联网、虚拟现实、移动计算、无所不在计算等飞速发展,对人机交互技术提出了新的挑战和更高的要求,同时也提供了许多新的机遇。计算机系统的拟人化,以虚拟现实为代表;计算机的微型化、随身化和嵌入化,以手持电脑、智能手机为代表,将是计算机两个重要的应用趋势。人机交互技术是其中的瓶颈技术,以人为中心,自然、高效将是发展新一代人机交互的主要目标。

"以人为本,人机和谐"是虚拟环境下人机交互技术追求的目标。三维用户界面的应用、面向高层应用语义的交互技术和软件开发方法有待于进一步的研究。

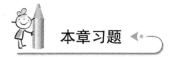 **本章习题** ◂•

结合本章内容,从交互的角度对 3D 打印产品进行体感分析,并完成分析报告。

3D 打印研究方向范围极广,有着广阔的发展前景。如今 3D 打印技术日新月异,在多个领域得到应用,但由于价格和技术的限制,3D 打印的普及还有待时日。虽然我国与发达国家相比还存在一定的差距,但现已在多个领域出现 3D 打印的设计与产品。

第一节　3D 打印在现实中的运用

新技术的出现往往会给设计带来革新,3D 打印技术亦为设计提供了更多的可能。

一、3D 打印假肢

3D 打印技术为医学的发展提供了远大的前景。首先,3D 打印解决了一些传统医学所难以解决的问题;其次,3D 打印可以对传统医学做出改进,从而更加方便、更加快捷地服务于患者 (如图 5-1)。

图 5-1

在日本,各个领域的设计师们将 3D 打印技术与艺术相结合,做出了大胆的尝试。一家名为 Exiii 的公司推出一款 3D 打印的医疗产品:仿生肌电假肢 HACKberry。这家公司由年轻的新一代软件工程师 Genta Kondo、机械工程师 Hiroshi Yamaura 和工业设计师 Tetsuya Konishi 共同合作成立,他们充分发挥自己的专业特长,充分利用 3D 打印机,研发出这款以残障人士目标用户的 HACKberry 仿生肌电假肢。

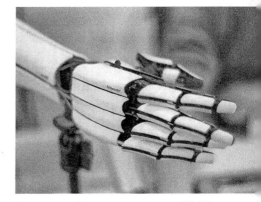

图 5-2

这款假肢非常灵活耐用且功能强大,可以举起一定重物。由于采用 3D 打印技术的缘故,它的造价成本被大大降低。此外,在功能上,这款假肢可以被当下广泛应用的智能手机所控制。利用智能手机的计算能力,用户可以依照自己的需求对假肢进行私人订制(如图 5-2)。

Exiii 公司的三人设计团队共同创建了这个意义非常的、适应性强的软件平台。与此同时,他们还公布了开源设计文件和数据,从而使得来自全世界的开发人员和人工手臂用户可以共同打造这款终极仿生肌电假肢 HACKberry。这个项目因此获得了有"东方设计奥斯卡奖"之称的 2015 年日本优良设计大奖金奖。

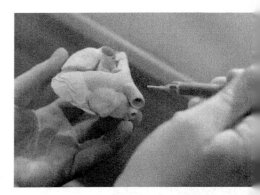

图 5-3

二、3D 打印器官

除了假肢以外,运用 3D 打印技术还可以制造出人体内脏模型(如图 5-3),这些模型能够让更多医学学习者更加方便直观地进行学习。在日本千叶县,一家名为 "Fasotec" 的公司通过扫描真实的人体器官,依靠 3D 打印技术打印出栩栩如生的器官模型。制作过程中,他们在模型的外壳注入了一种类似凝胶的人造树脂,从而使得打印出来的器官能够有一种湿润、真实的触感。在打印出的器官模型上面,人们可以清晰地看见肿瘤和血管(如图 5-4)。

该公司的创办人木下西角表示:"我们旨在帮助医

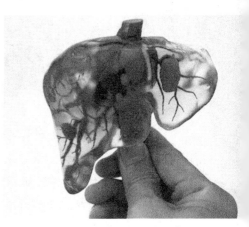

图 5-4

生透过模型器官,加强他们手术的技巧。"因此这种 3D 打印出来的器官,既可以让医生感受到器官的柔软度,又能让他们看见器官流血时的情况。来自日本神户大学医学系研究科学院的杉本真希医生曾经使用过这类模型,并表示这种 3D 打印出来的器官模型非常接近真实,如果不仔细分辨,很容易将模型当成真的。

三、3D 打印汽车

在汽车领域,世界首辆"打印汽车"原型机问世,如图 5-5 所示,它是一辆以电池和汽油作为动力燃料的三轮、双座混合动力车。整个车身使用打印技术一体成型,具有其他片状金属材料所不具有的可塑性和灵活性。整车的零件打印只需耗时 1 小时,工人需要做的只是把所有打好的零部件组装在一起,生产周期远远快于传统汽车制造周期。虽然它的单航发动机制动功率只有马力,但由于其采用了馆融沉积的技术,使汽车结构轻盈且坚固,体积小巧且稳定。另一个最大的优点便是的节能环保性。据统计,随着人口和生活水平的提高,全世界将会有数亿辆汽车,然而,面对当今社会日益减少的化石燃料储备量已经因汽车尾气日益变暖的全球气候,人类是时候推进新能源汽车的研发速度了。而 URBEE 便是一款独特的低能耗环保汽车。其制造宗旨是用最少的能耗完成最长的行车距离,同时尽可能减少制造过程中对原材料的浪费(如图 5-6)。

图 5-5

图 5-6

图 5-6 所示的是由奔驰公司在美国加利福尼亚州的前景设计部设计的奔驰概念车,其在汽车造型设计上突破了传统设计理念,整个车身浑然一体,极具未来前瞻性。整车主要由白色有机生物纤维材质和全景式车窗两部分结构组合而成,摒弃了传统汽车制造中多种复杂材料和零部件组合拼接的工艺手段,具有极其完整的统一性和视觉冲击力,概念车一经亮相便引起了人们的广泛关注。

四、3D 打印服装

日本潮流科技公司 STARted 与设计师小野雅治 (Masaharu Ono) 合作,推出了一款类似纺织品纹路的 3D 打印女士背心,这件服装被命名为 AMIMONO。这件背心使用的材料是热塑性聚氨酯弹性体 TPU 材料,它具有轻薄、保暖、耐磨的特点,与过去常见的棉、毛、涤纶等手工或机械纺织所用的传统材料完全不同。

AMIMONO 并非先 3D 打印出不同的部分,然后将各部分进行组装,它是通过一台 3D 打印机,以 TPU 线材作为丝线,使用一种可以生成针织图案的算法,从而将丝线编制在一起。简单来说,这件服装是数字化设计与编织的纹理相结合得到的产物(如图 5-7~ 图 5-9 所示)。

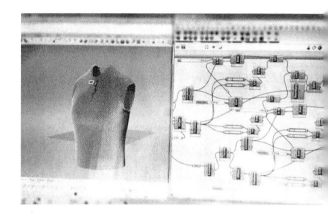

图 5-7

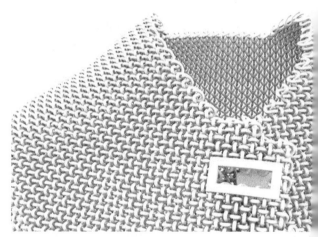

图 5-8

图 5-9

图 5-10

图 5-11

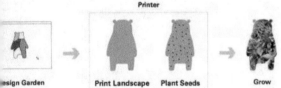

图 5-12

据 STARted 公司称,实现这件衣服编织的效果面临很多挑战,其中最大的挑战是,如何把 TPU 材料当作一种编织线来处理。最终,他们克服了挑战,打印出如图 5-10 所示的这件令人赞叹的服装。

尽管 AMIMONO 这款简单的白背心不如我们常在 T 型台上看到的 3D 打印时装那么耀眼,但它低调简约的风格,加上其使用材料的性能,使得它可能是目前最适合穿在身上的 3D 打印服装之一。据称,由于 TPU 的弹性性能,这件 3D 打印的背心可以像毛衣那样自由伸展和收缩;由于 TPU 的耐用性和类似橡胶的特性,这件衣服可以被折叠起来。

五、3D 打印城市

随着人们对城市的过度开发,城市资源变得日益紧缺,因此人们开始探求更环保低碳的城市发展模式,其中绿色建筑、绿色施工逐渐成为一个主流发展方向。日本索尼计算机科学实验室的竹内雄一郎,通过一种新颖而又有趣的方式,用 3D 打印整个盆景或花园(如图 5-11)。

3D 打印技术可以打印出任何指定形状和尺寸的花园,这使得它们非常适合摆放在书桌、窗台甚至屋顶。因此,竹内雄一郎试图借助 3D 打印技术设计出与以往不同的屋顶花园(如图 5-12)。

关于 3D 打印花园的灵感来源,竹内雄一郎表示,因为日本人们都喜爱萤火虫,但它们只能生存在原始环境中,所以在东京很难见到。因此,他希望在东京一些屋顶和墙壁上安置 3D

打印出的花园,从而为他钟爱的萤火虫,创造一个适宜的生存环境,为萤火虫在城市做个家 (如图 5-13)。

竹内雄一郎称,这种 3D 打印花园的制作过程是利用一台改装过的 FDM 3D 打印机 "挤出" 一种营养物质,再用这种营养物质打印出各种 3D 对象,植物或花卉的种子将从这些 3D 对象上生长出来。挤出机的打印头上有一个特殊的附件,它会将种子植入这些已打印好的 "基土" 里。这种技术采用水培法种植植物,与土壤种植相比,它主要依靠无机营养物使植物得到生长 (如图 5-14)。

图 5-13

图 5-14

城市居民的生活空间有限,而采用水培园艺方法则具有很高的灵活性。此外, 3D 打印的花园在花费上较为低廉,制作过程也相对省时省力。目前,这种 3D 打印园艺技术仍处于原型阶段,只能培育规格较小的植物和花园,包括水田芥和各种草; 同时,由于 3D 打印机的速度还需要提高,现阶段无法培育大型植物 (如图 5-15)。

在科技日新月异的今天,人类的足迹不再局限于适宜生存的环境,一些想象力丰富的人们开始构思利用科技进行移民太空、移民海洋的概念性设计。日本著名的建筑公司清水建设 (Shimizu) 就提出了一项方案,他们试图用一台可漂浮的大型 3D 打印机在海上建造一个能够自给自足的小城市 (如图 5-16)。

清水公司提出了一个名为 OceanSpiral (海洋螺旋) 的方案,设计师们设想用一台漂浮在海上的 3D 打印机,打印出海上的建筑混凝土海洋螺旋。其目的是为了应对海平面持续上升而对沿海城市造成的威胁 (如图 5-17)。

图 5-15

图 5-16

图 5-17

清水公司发言人 HideoImamura 表示，"深海蕴藏了巨大的潜力，有可能帮助解决世界各地面临的环境问题"。清水公司认为，如果 3D 打印海洋螺旋能够建成，它会成为一种全新的、更加环保的城市规划模式的基础。这样的城市能够以可持续的方式利用海洋资源和能量，从而产生足够的电力、食品和水来维持人类生存，同时会提供一个新的地方来存储碳二氧化碳（如图 5-18）。

　　清水公司与日本的大学、研究机构和海洋专家联合研究，用可行的实际解决方案来实现这一概念性方案。整个方案的初步预算高达 260 亿美元，其中包括世界上首台，也是最大的一台可漂浮 3D 打印机（如图 5-19）。

图 5-18

图 5-19

第二节　3D 打印的发展趋势

一、3D 打印设备的普及

　　随着 3D 打印技术的普及，3D 打印设备的普及也变得理所当然，但具体会是什么时候，3D 打印的普及还需要具备的条件，仍是一个值得探讨的问题。

　　2012 年 4 月英国著名经济学杂志 *The Economist* 一篇关于第三次工业革命的文章全面掀起了新一轮的 3D 打印浪潮。得益于开源硬件的进步与英国高校实验室团队的无私贡献，桌面级的开源 3D 打印机在这次新浪潮中扮演了举足轻重的角色。桌面级的个人3D打印机也因此开始走入了设计师与极客们的家庭。

新的3D打印浪潮影响覆盖甚广,无论在报纸杂志、网络媒体还是电影电视剧里都能看到3D打印机的身影,无数关于3D打印的网站论坛如雨后春笋般涌现,成了科技同行茶余饭后都爱讨论的话题。

回顾计算机的发展历程,20世纪40年代中后期第一台电子计算机诞生于美国的宾夕法尼亚大学,最早是作为用于军事科研的发明。计算机最初给大家留下的印象也许是体积占据数层大楼的"巨无霸",当然在随后的数十年中,计算机还是科研工作者的高端配备,用于计算导弹弹道、模拟天气状况、实现数字化的核试验等。20世纪70年代可以放在桌面上的小型计算机出现,个人计算机开始走进了家庭,但计算机还是被大多数专业人士用作高端打字机或数据处理设备。

对比得出,这一阶段的个人电脑与现在的桌面级个人3D打印机有着相似的处境。现在的个人3D打印机目标消费群体也相当小,主要面向有刚性需求的工业设计师和爱好发明创造的极客达人。当然,最早的消费级个人电脑和现在的个人3D打印机一样都是来自于喜欢研究的极客玩家之手,传承着同样的DIY极客文化。

国内个人电脑的真正普及应该归功于20世纪90年代初多媒体技术的跨越式进步。个人电脑不仅仅作为一台文本和数据的处理设备变身成家庭的数字娱乐中心,也可以使用电脑听音乐、看电影、玩游戏。这些大众化的需求促使个人电脑最终走进了大众家庭,2000年后得益于互联网的发展,个人电脑的普及又得到了加速。

着眼3D打印机的发展历程,其实也有许多地方与兹相似,目前桌面级3D打印机的状况与20世纪70年代个人计算机的处境相当。3D打印机要进入普通家庭依然存在不少门槛。这些门槛有来自于技术的瓶颈,有来自于使用者的专业素养与需求,也有来自于相关产业链的发展不足。

目前,桌面级的个人3D打印机从价格上看数千元人民币已有交易,可惜受限于技术瓶颈与耗材的限制性价比,仍然未及理想状态。桌面级设备现在只能打印如ABS或PLA等寥寥几种材料。然而受到成型原理限制,打印精度也非常低,与注塑的玩具相比略显粗糙。例如,花数千元买回来的3D打印机只能制作简单的塑料玩具哨子,这对普通消费者来说就没什么意义了。

另一方面使用者的专业素养与个人需求也是阻挡3D打印机进入普通家庭的重要门槛。目前来说使用3D打印机的用户多为专业人士,更多的是从事工业设计,或常与产品原型打交道的设计师。他们熟练掌握各种数字化的建模技术,能在虚拟世界创建对象,然后通过3D打印机生产出数字世界里面的内容。这正如使用电脑必须先学会打字,学会与机器沟通的方式,使用 3D 打印机也是一样,数字化的建模技能也必不可少。

3D 打印机进入普通家庭需要找到一个刚性的需求点,正如 20 世纪 90 年代让个人电脑得到普及的多媒体技术,满足了大众在数字娱乐方面的需求。娱乐性也许能成为 3D 打印机进入普通家庭的需求点,所以应该着力挖掘 3D 打印在娱乐方面的功能。3D 打印机也许能成为启蒙教育的工具、亲子关系的纽带。孩子们对新鲜事物倍感兴趣,和爸爸妈妈一起动手制作属于自己的玩具,相信这样的体验最能勾起父母买一台 3D 打印机的欲望。

在科技发达的欧美国家,3D 打印已开始走进了校园。3D 打印机生产商 MakerBot 也立志要把自己的产品放到每一张工作桌上,也许在不久的未来,3D 打印机将能走进许许多多的普通家庭。

著名的汽车生产商福特公司在日前高调宣称:"我们要为每个工程师都配备一台 3D 打印机。"福特此举意在鼓励工程设计的创新,而彭博新闻社 (BloombergNews) 则认为这是 3D 打印机普及的前奏。福特的发言人称很难统计福特会有多少台桌面 3D 打印机,因为在公司总部已经有不少 MakerBot 3D 打印机,在公司的硅谷实验室,每个工程师都已经人手一台。

目前,3D 打印机在福特主要被应用在车辆设计部门和智能电子技术部门。与计算机发展历程相似,3D 打印的普及也选择了在工业应用和办公应用两个方向中寻求突破,3D 打印越来越明显地在走电子计算机的老路。

随着 3D 打印技术的发展,桌面级 3D 打印机的价格已经降到了 500 美元以下,现在就缺一个引爆点,这个引爆点很可能就是一款杀手级别的软件应用,这样的应用可能让普通人甚至是小朋友很方便地学会数字化建模技术。目前,3D 打印的市场还属于设备生产厂商,但未来这个市场将会逐步被 3D 打印应用软件提供商、3D 打印内容提供、所瓜分。

二、3D 打印发展的趋势

3D 打印的发展正日新月异,以下仅概述几个主要发展方向。

(1) 直接金属打印是未来的发展方向之一。直接金属打印占全球 3D 打印市场的份额从 2003 年的 3.9% 快速增加到 2012 年的 28.3%,增长量一直在飞速地提高,说明 3D 打印市场对该类技术的需求远远高于市场平均发展速度。

(2) 个人化的 3D 打印将迅速得以普及,并逐渐得到业界的认可与推广。截至 2012

年个人化的 3D 打印市场增长量为 46.3%,目前普遍的价格为 5000 元～ 20 000 元,其对象主要为教育机构、DIY 爱好者、设计师和中小企业。

(3) 生物 3D 打印将取代传统的医疗模型。美国和欧洲在生物打印方面做了很多研究工作,有的已经进入临床试验。

此外,3D 打印研究方向范围极广,如在混凝土打印和房屋快速建造、制药工程和微型机电制造等领域也有着广阔的发展前景。

三、我国 3D 打印产业的现状与未来

3D 打印并不是一门新的技术,它在工业生产领域已经默默奉献了近 30 年,不过那时候 3D 打印被称为快速成型(Rapid Prototype)技术,国内的科研机构最早也在 20 世纪 80 年代末 90 年代初期引进了这门技术,并展开了研发。随着这些年 3D 打印技术的发展,我国 3D 打印技术已经在产品设计、模具制造、医学、航天等领域得到应用。

目前,在 3D 打印设备生产与研发领域国内已有一批骨干型公司,这些专门从事设备生产与研发的公司主要分为两大类型。一类是拥有官方与学术背景早期从大学实验室和科研机构分立出来的,这些公司通常拥有政府支持且规模庞大,有雄厚的资金和人才储备,主要从事工业级 3D 打印设备的研发。另一类以创客群体为主导,这些公司主要由个人爱好者创办,规模较小,主要从事消费级桌面 3D 打印机的研发,这些小团队研发的产品主要基于国外的开源项目。

除了基础的设备生产与研发企业,国内还出现了多家专门从事 3D 打印服务的企业,他们的服务范围非常广,涵盖了工业级应用与业余消费级应用,由于当前整体产业发展还处于初级阶段,这些公司的营业规模相当有限,更多的还是满足专业级的工业需求。早期无论是政府官方还是 3D 打印行业的产业联盟,他们把重点都放在基础技术的研发,而现在有了新的动向。大家对 3D 打印的行业应用愈加重视,许多团队也开始在 3D 打印行业淘金,如个性商品定制、玩具定制、3D 照相馆等一批应用型的企业如雨后春笋般涌现。

3D 打印行业若要健康发展,必须拥有一个完善的生态链。我国涉足 3D 打印领域其实并不晚,核心技术与基础技术的研发也已经探索多年,尽管这样我们和发达国家相比还存在不小的差距,其主要表现在以下几个方面。

1. 研发能力偏科严重

国内对 3D 打印技术的研究力量主要集中在高校实验室和研究所,早期主要是为满

足军事、航空方面的重量级需求,因此我国在大型激光烧结技术方面处于国际先进水平,如华曙高科研制的选择性激光尼龙烧结设备还出口到美国。

此外,根据国内媒体报道,我国已利用 3D 打印技术制造出提供飞行器使用的大型钛合金主承力构件,在新型歼击机的研制工作中也采用了超大尺寸的激光增材钛合金构件。尽管如此,国内从事 3D 打印的企业大多还以仿制、代理国外产品为主,甚至很多企业都还没有实现盈利。由于国内企业研发能力的薄弱,而且用于研发的高精密电子元件、耗材等多数都要依赖国外进口,这一系列的问题都紧紧地束缚着国内的科研企业。而占据 3D 打印产业主导地位的美国 3D Systems、Stratasys 等公司,每年都投入 1000 多万美元研发新技术,研发投入占销售收入的 10% 左右。两家公司不仅研发设备、材料和软件,而且以签约开发、直接购买等方式,获得大量来自企业外部的相关细分专利技术,相比之下,我们的投入就略显不足了。

2. 没有成熟的产业链

3D 打印的预期市场是非常庞大的,但是现在并没有完全打开,3D 打印机的销售情况仍未达到理想。3D 打印技术未能有效地在企业中得到应用,业界对 3D 打印技术的重要性认识不足,一些已引进 3D 打印设备的企业也未能充分发挥其作用。由于目前的 3D 打印技术设备价格太昂贵,因此广大中小型企业很少能得到 3D 打印技术服务,甚至应用企业还没有完全接受 3D 打印机,制造和服务企业也未能直接得益于 3D 打印技术的发展,目前国内还没有形成一个成熟的产业链。

3. 缺乏宏观规划

3D 打印产业上游包括材料技术、控制技术、光机电技术、软件技术,中游是立足于信息技术的数字化平台,下游涉及国防科工、航空航天、汽车摩配、家电电子、医疗卫生、文化创意等行业,其发展将会深刻影响先进制造业、工业设计业、生产性服务业、文化创意业、电子商务业及制造业信息化工程。

在我国工业转型升级、发展智能制造业的相关规划中,对 3D 打印这一交叉学科的技术总体规划与重视程度似乎远远不够。至今为止,国内并没有建立发展 3D 打印技术的统一协调管理体系。目前存在相当多“低水平重复”的现象,这使得有限的投入未能发挥更好的作用,尤其是在学、产、研结合方面力度不够,影响科研成果的商品化直至产业化。

中国的优势就在于巨大的市场,预计中国 3D 打印市场规模将达万亿级。从国外的实践来看,3D 打印不仅能快速制造出高精密与结构复杂的模具与零部件产品,还将能替代众多劳动密集型的制造业,包括文教体育用品、工艺美术品、纺织服装、化学纤维、橡胶、塑料制品、家具等（2011年上述国内产业产值已超过7万亿元）。随着3D打印技术的不断成熟，未来即使上述产业只有10%被替代，也将形成万亿级的3D打印市场，相信不远的未来，3D打印机将与个人电脑一样普遍并孕育出巨大的消费市场。

四、桌面级3D打印机掀起新浪潮

前文总结了3D打印技术发展的编年史，特别是盘点了近30年来3D打印技术发展中的重要事件。2007年开源桌面级3D打印设备的发布为3D打印技术的发展翻开了一个新的篇章，这是新一轮3D打印热潮的重要诱因。

过去的3D打印机更多时候被称作快速成型机，主要是工业级别的设备，正如其名让人颇感神秘，这些设备主要应用于专业化且重量级的产品原型设计，如汽车引擎设计、飞机外观设计等。当然也有厂商推出了适合办公环境使用的桌面级3D打印机，但价格同样极为昂贵，适用的同样只是专业人士。

这个阶段的3D打印机有点类似早期的电子计算机，都是体积庞大运行起来轰隆隆的设备，直到开源3D打印机的出现，人们对3D打印机才有了新的认识。从此3D打印机也可以是小巧精致又价格低廉。3D打印也不只是专业人士的专利，业余爱好者与设计师可以通过在互联网上分享的开源资料，自行拼装属于自己的桌面级3D打印机，使用3D打印机制作心仪的作品；孩子们可以在家制作自己的玩具；艺术家们可以在家制作个性的摆设，3D打印机将带给人们无穷的想象力！

开源的3D打印设备是极客们在实验室研究出来的产物，这不禁让人想起20世纪70年代研究出个人电子计算机的极客，正是他们的努力让计算机普及，让我们走进了信息时代。不知今天研究出开源3D打印机的极客们是否也有着把3D打印机普及的理想。

小　结

随着智能制造的进一步发展成熟，新的信息技术、控制技术、材料技术等不断被广泛应用到制造领域，3D打印技术也将被推向更高的层面。未来，3D打印技术的发展将体现出精密化、智能化、通用化以及便捷化等主要趋势。提升3D打印的速度、效率和精度，开拓并行打印、连续打印、大件打印、多材料打印的工艺方法，提高成品的表面质量、力学和物理性能，以实现直接面向产品的制造；开发更为多样的3D打印材料，如智能材料、功能梯度材料、纳米材料、非均质材料及复合材料等，特别是金属材料直接成型技术有可能成为今后研究与应用的又一个热点；3D打印机的体积小型化、桌面化，成本更低廉,操作更简便,更加适应分布化生产、设计与制造一体化的需求以及家庭日常应用的需求;软件集成化,实现 CAD/CAPP/RP 的一体化,使设计软件和生产控制软件能够无缝对接,实现设计者直接联网控制的远程在线制造;拓展 3D 打印技术在生物医学、建筑、车辆、服装等更多行业领域的创造性应用。

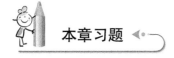

本章习题

结合本章内容,谈谈你对 3D 打印未来趋势的展望。

附　录

编 年 史

1996 年，3D Systems、Stratasys、Z Corporation 各自推出了新一代的快速成型设备 Actua 2100、Genisys 和 Z402，此后快速成型技术便有了更加通俗的称谓——"3D 打印"。

1999 年，3D Systems 推出了 SLA 7000，要价 80 万美元。

2002 年，Stratasys 公司推出 Dimension 系列桌面级 3D 打印机，Dimension 系列价格相对低廉，主要也是基于 FDM 技术以 ABS 塑料作为成型材料。

2005 年，Z Corporation 公司推出世界上第一台高精度彩色 3D 打印机 Spectrum Z510，让 3D 打印进入了彩色时代。

2007 年，3D 打印服务创业公司 Shapeways 正式成立，Shapeways 公司建立起了一个规模庞大的 3D 打印设计在线交易平台，为用户提供个性化的 3D 打印服务，深化了社会化制造模式（Social Manufacturing）。

2008 年，第一款开源的桌面级 3D 打印机 RepRap 发布，RepRap 是英国巴恩大学 Adrian Bowyer 团队立项于 2005 年的开源 3D 打印机研究项目，得益于开源硬件的进步与欧美实验室团队的无私贡献，桌面级的开源 3D 打印机为新一轮的 3D 打印浪潮翻起了暗涌。

2009 年，Bre Pettis 带领团队创立了著名的桌面级 3D 打印机公司——Makerbot，Makerbot 的设备主要基于早期的 RepRap 开源项目，但对 RepRap 的机械结构进行了重新设计，发展至今已经历几代的升级，在成型精度、打印尺寸等指标上都有长足的进步。

Makerbot 承接了 RepRap 项目的开源精神，其早期产品同样是以开源的方式发布，在互联网上能非常方便地找到 Makerbot 早期项目所有的工程材料，Makerbot 也出售设备的组装套件，此后国内的厂商便以这些材料为基础开始了仿造工作，国内的桌面级

3D 打印机市场也由此打开。

2012 年,英国著名的经济学杂志 *The Economjst* 一篇关于第三次工业革命的封面文章全面掀起了新一轮的 3D 打印浪潮。

同年 9 月,3D 打印的两个领先企业 Stratasys 和以色列的 Object 宣布进行合并,交易额为 14 亿美元,合并后的公司名仍为 Stratasys。此项合并进一步确立了 Stratasys 在高速发展的 3D 打印及数字制造业中的领导地位。

10 月,来自 MIT Media Lab 的团队成立 Formlabs 公司,并发布了世界上第一台廉价的高精度 SLA 消费级桌面 3D 打印机 Fom1,从而引起了业界的重视。此后在著名众筹网站 Kickstarter 上发布的 3D 打印项目呈现百花齐放的盛况,国内的生产商也开始了基于 SLA 技术的桌面级 3D 打印机研发。

同期,国内由亚洲制造业协会联合华中科技大学、北京航空航天大学、清华大学等权威科研机构和 3D 行业领先企业共同发起的中国 3D 打印技术产业联盟正式宣告成立。国内关于 3D 打印的门户网站、论坛、博客如雨后春笋般涌现出来,各大报刊、网媒、电台、电视台也争相报道关于 3D 打印的新闻。

后　　记

设计的历史告诉我们，新技术的出现往往赋予设计更多的可能。3D 打印技术可以实现很多传统成型工艺难以实现的外观造型，这意味着设计过程中方案的构思可以作出更多的尝试与创新。

我的研究方向是工业设计，求学期间，我跟随导师在公司参与项目实践，进入后期的模型制作阶段时，传统常见的手办模型所需制作周期较长，再加上设计方案经常需要反复修改，无形中使得设计的时间被延长。回国之后，我在苏州库浩斯信息科技有限公司设计电子产品，此时，3D 打印技术已被运用到模型制作中，这一技术大大缩短了产品的设计周期，为设计提供了方便。对于国内高校的设计专业，3D 打印技术是课改的重要内容，因此，我希望通过本书能够为广大产品设计相关专业的师生提供一本相对系统、全面的、有关 3D 打印技术与产品设计的教材，摆脱学校与公司之间，针对产品的机构问题出现教学脱节的现状。

本书得以编撰成书，首先，我要感谢我在韩国大邱大学校，本硕博期间的导师——李吉淳、申明澈和金时万教授，感谢他们在产品设计概念和方法上给予我的帮助。然后，我要感谢与我合作编著此书的张志贤教授。我曾和张教授探讨过新技术给设计带来的变革；针对国内高校对设计人才的培养，普遍存在与企业脱节等问题上，我和张教授有着一致的看法。于是在写作初期，我们共同构思了本书的框架结构。此外，还要感谢参与编写本书的编辑成员：余家仪、张哲、夏雪、陈茜和宣阳。最后，感谢南京弘谷信息科技有限公司以及杭州先临三维科技股份有限公司为本书提供的图片等素材。

这本书从构思到成书，历经一年之久，期间几易书稿。由于编写经验不足，本书如有疏漏错误以及不妥之处，敬请广大同仁及读者批评指正。

石　敏

2017 年 1 月